소신을 지키고 실용을 중시하는

네덜란드 엄마의 힘

– 소신을 지키고 실용을 중시하는 –

네덜란드 엄마의 힘

황유선 지음

황소북스

| 작가의 글 |

엄마의 행복지수가
자녀의 미래를 좌우한다

2017년 여름, 내 인생을 송두리째 바꿔놓은 나라 네덜란드의 하늘을 바라보았다. 청명하다 못해 마음이 아릴 정도로 맑고 깨끗한 공기 속을 유유히 걸으며 믿기지 않는 미소를 지었다. 불과 2년 반 전만 해도 나는 지금의 내가 아니었다. 네덜란드라는 나라에 대해 관심조차 없었다. 나는 그저 경쟁을 통해 행복을 추구하는 방식에 익숙했고, 남의 시선에서 아주 자유롭지만도 않았다. 그러나 네덜란드에서의 삶이 나를 바꾸어도 단단히 바꾸었다. 삶을 바라보는 관점이 완전히 바뀌고 말았다. 불과 2년여 만에 벌어진 일이다.

네덜란드를 떠날 날이 얼마 남지 않은 지금, 눈물이 날 지경이다, 행복해서.

아이들과 늦은 아침을 먹고 아이 친구의 생일 파티에 가져갈 선물을 사러 가는 길, 마침 소박한 마을 장터가 열렸다. 그래봐야 동네 마트에만 가도 산더미처럼 쌓여 있는 치즈, 빵, 각종 오일 및 햄을 팔고 있지만 말이다. 소박한 장터에는 물건을 파는 사람도 사는 사람도, 나처럼 그저 구경만 하며 지나가는 사람도 그렇게 평화로운 표정일 수 없다.

장터를 지나자 카페가 옹기종기 모여 있는 자그마한 광장이 나온다. 사람들이 꽤 많이 나와서 일광욕 중이다. 네덜란드의 초여름 햇볕은 뜨겁다. 그러다가도 순식간에 차가운 바람이 불어오기에 겉옷을 챙겨 입어야 하지만, 적어도 해가 반짝 나서 공기가 따뜻해질 때를 놓치는 네덜란드 사람은 없다. 남녀노소 가리지 않고 다들 밖으로 나와 카페나 레스토랑의 야외 테라스 테이블에 앉는다. 손바닥보다도 훨씬 작은 커피 한 잔을 앞에 놓고 긴 다리를 옆으로 뻗은 채 앉아 있는 사람들, 와인 한 잔과 샐러드를 먹으며 대화에 열중하는 사람들, 모두 햇볕 따뜻한 순간을 만끽한다. 늘 걸어 다니던 바세나르(Wassenaar) 센트럼 거리였지만, 네덜란드를 떠나야 할 날이 며칠 안 남은 상황에서 그 평화로운 분위기가 사무치게 좋았다. 나보다 먼저 앞서 뛰어가는 아이들의 뒷모습을 저만치에서 바라보며 마음속 깊이 행복이 차오르고 눈물도 차올랐다. 네덜란드는 나에게 행복을 선물로 주었다. 네덜란드식 엄마로 살던 소박한 일상이 한국에서 경험한 그 어떤 성공과 찬사보다도 행복했다.

무엇 때문이었을까.

이 변화는 갑자기가 아니라, 서서히 그렇지만 아주 강렬하게 일어났다.

시간을 거슬러 올라가보면 네덜란드의 첫인상은 실망을 넘어 절망적이었다.

갑작스러운 남편의 네덜란드 파견. 나는 직장에 힘들게 양해를 구하고 아이들과 따라나섰다.

첫 한 달 정도는 '괜히 내 일 다 제치고 네덜란드까지 따라왔나', '아이들이랑 그냥 우리는 한국에 있었더라면 좋지 않았을까' 시시각각 후회가 밀려온 것도 사실이다. 어렵게 얻은 대학교수 자리인데, 그 커리어 잘 유지하려면 방학 때만 애들이랑 네덜란드 가서 잠깐씩 지내다 오는 것이 더 낫지 않겠냐는 주위 사람들의 조언도 머릿속에 계속 맴돌았다. 가족과 함께 네덜란드에 온 대가로 영영 경쟁에서 뒤처질지 모른다는 불안감도 컸다.

그럼에도 불구하고 작은 기대를 품고 도착한 헤이그에서의 첫날이 새록새록 기억난다.

헤이그와의 첫 만남.

2015년 2월. 네덜란드에 도착한 날은 비바람이 몰아쳤다. 하필 우리 짐 가방 하나가 찢어졌는데, 그걸 몰랐던 우리는 짐 찾는 벨트 앞에서 하염없이 기다려야 했다. 밖으로 나오니 이미 깜깜한 밤이 된 지 오래다. 공항으로 마중 나온 대사관 직원들과 함께 헤이그 시내에서 나름 유명하다는 중국집으로 아주 늦은 저녁을 먹으러 갔다.

'드디어 헤이그 시내로 가는구나.'

그런데 웬걸, 거리에는 사람 하나 없고 차도 거의 없었다. 한겨울의 네덜란드는 음산하고 차갑기 그지없었다.

'명색이 네덜란드의 행정수도라는 헤이그가 맞나.' '여기 말고 다른 더 좋은 곳이 있지 않을까.' 이런 의문을 가득 안은 채 따끈한 국수 한 그릇으로 몸을 데운 뒤, 가족과 한 달 정도 머물 임시 숙소로 향했다. 이때만 해도 몰랐다. 바로 그 중국집이 있는 거리가 내가 가장 좋아하는 장소가 될 거라고는 말이다.

임시 숙소 앞에 도착했다.

'헉, 말로만 듣던 좁고 높은 건물이구나.'

우리 숙소는 가파르고 좁은 계단을 한참 올라가야 했다. 실내 공기는 바깥과 마찬가지로 찼다. 냉기가 몸속으로 파고들었다. 추위라면 질색하는 나는 당장 히터부터 가동시켰다. 하지만 히터가 없는 화장실은 냉골이었다. 세수할 때도 바들바들, 샤워할 때도 덜덜 떨었다. 게다가 네덜란드의 북해(北海)와 가까운 그곳은 밤마다 비바람이 몰아쳤다. 비바람이 얼마나 강하던지 혹시 집이 날아가지 않을까 걱정될 정도였다.

네덜란드에서 경험한 그 첫 순간들은 여행 중에나 잠깐씩 보았던 유럽의 아름답고 환상적인 이미지를 완전히 무너뜨렸다. 포털 사이트에 들어가 네덜란드 기후 정보를 살펴보면 "겨울은 우리나라보다 덜 춥고 여름은 선선하여 1년 내내 온화한 기후"라고 되어 있다. '뭐라고? 온화하다고?' 하지만 내 해석은 이랬다. '겨울에는 비까지 많이 내리면서 냉기가 돌아 매우 춥고, 여름에도 전혀 덥지 않은 1년 내내 추운 기후.' 헤이그에서 처음 맞은 아침, 역시 하늘은 온통 회색에 비가 추적추적 내리고 있었다. 창밖으로 보이는 풍경은 네덜란드를 대표하는 화사한 파스텔 톤의 튤립과는 전혀 거리가 멀었다.

'하필 내가 살게 될 네덜란드는 정말 춥고 스산한 유럽이구나!'

이때까지만 해도 몰랐다, 네덜란드에서 더 큰 행복을 찾게 될 줄.

이 책은 대한민국 엄마들에게, 혹은 엄마가 될 사람들에게 더 아름다운 삶을 선물하기 위해 드리는 겸손한 조언이다.

그 어느 나라보다도 치열한 교육열과 경쟁적인 사회 속에서 대한민국의 엄마 역할은 녹록지 않다. '나'를 잃어버린 채 아이와 함께 앞만 보고 달리다 보면 어느 순간 껍데기만 남은 것 같은 공허함이 맴돈다. 엄마의 삶은 그런 거라며 스스로를 다독이지만 마음 한쪽에는 꼭 그래야만 하는 것일까, 다른 삶의 방식은 없을까 하는 생각이 든다. 그러나 대부분의 경우, 별 뾰족한 수를 찾지 못한다.

어느 날, 계획에 없이 살게 된 네덜란드. 네덜란드 엄마들의 삶은 우리와 달랐다. 그들은 행복했고, 아이들도 행복했다. 우리와는 다른 네덜란드식 삶을 체험하며 머리가 띵해지는 순간이 한두 번이 아니었다. 네덜란드의 엄마는 자존감 높은 여자였다. 아이와의 관계, 남편과의 관계, 사회 속에서의 관계, 그리고 자기 스스로와의 관계 속에서 행복을 추구해가는 강하고 아름다운 엄마였다. 네덜란드 엄마의 힘은 결국 행복한 엄마를 먼저 만드는 것에서 나온다. 더 행복한 엄마가 더 행복한 아이를 만든다. 엄마의 행복지수가 자녀의 미래를 행복하게도, 혹은 불행하게도 만들 수 있는 결정적 요소다. 이제 자녀를 위해 엄마의 모든 것을 희생하는 시대는 끝났다. 그것이 꼭 칭찬받을 만한 일도 아니거니와 꼭 자녀를 일류대에 보내고 성공한 사람으로 만들어주는 필수 조건도 아니다. 엄마의 삶이 자녀 양육으로만 온전히 채워져서는 안 된다. 엄마의 삶과 여자의 삶 사이에서 가장 적당한 황금 비율을 찾아낼 때 궁극적으로 나와 내 아이 모두 행복한 삶을 영위할 수 있다.

네덜란드에서의 깨달음이 컸다. 내가 지금까지 간과했던 또 다른 삶에 대한 태도도 발견했다. 이 책을 통해 대한민국의 엄마들과 그것들을 나누고자 한다. 이제 우리는 성적으로만 자녀의 성공과 행복을 담보할 수 있는 사회가 아니라는 것을 서서히 느끼고 있다. 그렇다면 이제 내 자녀를 위해서 무엇을 어떻게 준비해야 할까. 이 책에는 그 비결이 담겨 있다.

강요는 아니다. 참고해도 좋고, 무시해도 좋다.

그러나 나의 진실된 메시지가 부디 대한민국 엄마들의 마음에 닿아 진정 강한 엄마의 힘을 만들어낼 수 있으면 좋겠다.

2019년 봄

황유선

| 목차 |

1부. 네덜란드식 임신과 출산

2부. 네덜란드식 편안한 양육

3부. 네덜란드식 심플한 주방

4부. 네덜란드식 엄마의 실속

5부. 강남 엄마보다 내공 있는 네덜란드식 교육열

6부. 네덜란드식 예술가의 길

7부. 네덜란드식 사회적 인물 양성법

8부. 네덜란드식 목가적 낭만

9부. 네덜란드식 자유의 삶

부록. 네덜란드식 TV 가이드

네덜란드식 임신과 출산:
여자, 자연스럽게 엄마가 되다

The Power of
Dutch Mother

1-1
결혼하고 애 낳으면 여자 인생 끝?

결혼하고 아이를 낳은 뒤 심심찮게 듣는 말이 있다.

"아이고, 이제 여자 인생도 끝이네."

이 무슨 하늘이 무너져내리는 소리인가. 그래서 그럴까, 요즘은 결혼 비율도 낮고, 결혼 시기도 늦고, 결혼하더라도 아이를 낳지 않으려 한다. 그러다 보니 심각한 저출산 사회가 됐음에도 불구하고 여전히 이렇다 할 대책이나 희망이 안 보인다.

그렇다면 다시 돌아가서, '여자 인생 끝'이라는 것이 과연 무엇을 의미하는지 생각해보자. 여자로서 자신을 꾸미고 가꿀 시간이 없어진다는 얘기, 아이가 주인공인 삶을 살아야 하기 때문에 여자가 아닌 엄마로서만 존재감을 갖는다는 얘기, 비싼 사교육비 때문에 어디 감히 자기 치장을 위해서는 돈을 쓸 수 없는 상황, 남편과의 로맨틱한 저녁 식사는커녕 아이들 이유식과 반찬 준비로 늘 편함 위주의 차림새, 나도 꽤 잘나고 똑똑한 편이었지만 직장 그만두고 애만 키우느라 한국 사회의 '아줌마'가 되어가는 세월, 가족들 다 출근하고 등교한 뒤 혼자 집에 남아 있을 때 밀려오는 우울함. 이것 말고도 찾으려면 몇 가지는 더 있겠다.

결국, 결혼하고 아이를 낳으면 지금까지 내 삶의 꿈이나 방향은 포기하고 대신 아이와 가정을 위한 희생과 인고의 삶을 살아가야 한다는 얘기다. 그나마 아이가 없으면 부부가 연애하듯 알콩달콩 살 수도 있겠지만 주변에서는 예의 없이 마구 물어본다.

"왜 애 안 낳아요?"

안 낳는 것인지 못 낳는 것인지, 아니면 다른 어떤 계획이 있는지 남들에게 일일이 설명하기도 귀찮고 그럴 이유도 없는데, 아이를 안 낳으면 마치 뭔 문제라도 있는 듯 쳐다보는 그 사회적 시선도 매우 불쾌하다. 그래놓고는 막상 아이가 생기면 기다렸다는 듯이 "여자의 삶을 포기하라"는 둥 어마어마한 말을 내뱉는 것이다. 엄마가 된다는 것은 여자의 인생을 송두리째 바꾸는 굴레일까.

네덜란드 여자들은 아이를 낳고 난 뒤 자신의 삶을 상당 부분 희생하거나 꿈을 포기하지 않아도 된다. 오히려 자기 일을 하고 아이들과도 시간을 보내면서 이전보다 더 풍성하고 다양한 삶을 즐기는 모습이다.

복지가 좋은 나라로 알려진 네덜란드에서 아이를 낳은 뒤 제공하는 금전적 지원은 의외로 많지 않다. 네덜란드에서는 아이가 태어나면 만 17세 때까지 3개월마다 200~300유로의 양육비를 보조해준다. 우리나라에서도 한 달에 10만~20만 원씩 만 5세 때까지 양육 수당을 주는데, 두 나라의 단순 양육비 지원만으로 보면 큰 차이가 없는 셈이다. 그러나 우리나라가 네덜란드만큼 훌륭한 복지 국가라고 할 사람은 아무도 없다.

아이를 낳고 5년간 한 달에 20만 원씩 준다고 해서 엄마의 양육 부담을 절대로 해결할 수 없다. 단순히 양육 지원비 몇 푼 올려주고 복지 혜택을 늘렸다고 주장하는 정부 정책에 어수룩하게 넘어가서도 안 된다. 근본적인 해결책이 아니기 때문이다. 엄마가 자신의 삶과 육아를 겸할 수 있는 대책이 없다면 그건 참된 복지가 아니다.

네덜란드 엄마들은 아이가 태어난 지 6주부터 아이를 믿고 맡길 곳이 있다. 0세부터 만 4세까지 아이들을 맡아서 돌봐주는 '차일드 케어' 시스템이 잘 갖춰 있기 때문이다. 보통은 오전 8시부터 오후 6~8시까지 운영하며 비용은 시간당 7유로 정도다. 한 달 단위로는 약 750유로(한화로 약 100만 원)가량이다. 다소 비싸 보이지만 물론 이 비용을 개인이 온전히 지출하지는 않는다.

차일드 케어 비용의 지불금액은 부모의 수입에 따라 다르다. 당연히 수입이 높을수록 시간당 내는 비용도 높아진다. 또한 일을 하거나 공부를 하는 부모는 이 비용에 대해 세금 환급도 받는다. 여기에, 둘째 아이부터는 할인도 적용된다. 그러니 실제로 지출하는 비용은 애초에 책정된 금액보다 훨씬 적다. 예컨대 1년 수입이 한화로 5,000만 원 미만인 부모라면 차일드 케어에 내는 비용은 세금 환급 이후 시간당 실제 3,000원이 안 되고, 연 수입 1억 5,000만 원 정도 되는 부모가 내는 비용은 시간당 7,000원 정도다.

놀이 학교나 방과 후 학교에 보내는 경우에도 부모가 큰 부담을 갖지 않도록 정부가 보조하는 다양한 선택 요소들이 있다. 참고로 네덜란드는 만 4세부터 의무교육이다. 이렇게 아이를 맡길 수 있는 시스템이 갖춰져 있기 때문에 네덜란드 엄마들은 출산 후 자신의 꿈과 직장을 포기하지 않아도 된다. 아이 낳은 뒤 직장 여성이 겪는 가장 현실적인 문제가 아이를 마음 놓고 맡길 곳이 없다는 것이다. 네덜란드에서는 바로 이 점을 해결했다. 엄마가 손발이 꽁꽁 묶여서 아무것도 할 수 없는 우리나라 상황과 달라도 너무 다르다.

여기에 하나가 더 있다. 바로 보편화한 파트타임 근무다. 네덜란드의 파트타임 근무는 언제 잘릴지 몰라 불안한 비정규직이나 단순 업무만 맡아 하는 질 낮은 일자리가 아니다. 엄연히 정규직이고 승진은 물론 휴가도 똑같이 쓸 수 있는 자리다. 일주일에 두 번만 출근할 수도 있고, 하루 반나절만 근무할 수도 있다. 네덜란드에서는 파트타임으로 일하는 여성이 대다수이며 남성들도 주 4일 근무가 매우 흔하다.

이런 환상적인 환경이 이뤄진 배경은 1982년의 '바세나르 협약(Wassenaar Agreement)'이다. 이는 임금 인상을 자제하고 대신 노동 시간을 단축하며 일자리를 분배할 수 있도록 한 제도다. 예컨대 한 사무실에서 한 책상을 두 사람이 나눠 쓴다. 월요일부터 수요일까지는 그 자리에서 안나가 일을 하고 목요일과 금요일은 말루스가 출근해서 그 일을 나눠 하는 식이다. 파트타임으로 일하고 남는 시간에는 자신의 아이들을 돌보고 개인 취미 생활도 하는 등 하고 싶은 일을 마음껏 한다. 그러니 아이가 0세부터 14세 미만인 엄마들 중 직장을 다니는 비율이 70퍼센트를 훌쩍 넘는다. 특히 아이가 0~2세 사이인 엄마들의 취업률은 OECD 평균 53퍼센트보다 훨씬 높은 74퍼센트다(2014년 수치).

갓난아이부터 맡길 수 있도록 한 보육 시스템과 국가 지원, 안정을 보장받는 유연한 파트타임 직장 시스템. 이 두 가지 복지는 네덜란드 엄마들이 자아 정체성을 잃지 않고 여자의 삶을 포기하지 않도록 든든하게 받쳐주는 힘이다.

네덜란드 엄마의 힘은 여기가 끝이 아니고 시작이다. 이 바탕 위에서 네덜란드 엄마의 힘은 무한히 발휘된다. 그들의 자신감, 행복감, 편안함, 유쾌함은 그 결과다. 그들의 힘을 알기 위해 귀 기울여볼 이유는 충분하다. 이러한 복지 제도를 우리도 좀 더 큰 목소리로 요구해보면 어떨까.

1-2 부자가 아니어도 입주 도우미가 있다고?

그렇다. 네덜란드 가정에서는 입주해서 집안일을 돕는 젊은 외국인을 심심치 않게 볼 수 있다. 주로 필리핀이나 인도네시아 등 동남아 국적의 외국인으로 20대의 젊은 여성들이다. 사실 그들은 가정부가 아니다. 일명 문화 교류를 위한 제도 '오페어(au pair)'라는 프로그램을 통해 네덜란드에 와 있는 여성들이다. 오페어라고 부르는 그들은 네덜란드 가정에 입주해 숙식을 함께하며 간단한 가사 일을 돕고 소정의 용돈을 받는다.

오페어들이 네덜란드에 온 목적은 네덜란드의 삶을 체험하고 견문을 넓히기 위해서다. 쉽게 말해, 유럽에서 살아보기 힘든 동남아의 젊은이들이 네덜란드 문화를 이해하고 유럽의 다양한 의식주를 경험할 수 있도록 한 제도다.

오페어 제도는 일손이 바쁜 엄마 입장에서 그야말로 구세주다. 적은 비용으로 큰 도움이 될 수 있을 뿐 아니라 외국인에게 네덜란드의 삶과 문화를 소개한다는 보람도 있다. 우리에게는 이런 오페어 제도가 매우 생소하지만 오페어는 네덜란드뿐 아니라 이미 여러 나라에 도입돼 있다. 네덜란드에서는 오페어 제도를 국가 차원에서 관리하며, 오페어의 소개, 입국, 거주 전 과정을 법으로 엄격하게 규정하고 있다.

오페어를 가정에 맞이하기 위해서는 우선 네덜란드 내의 공식 에이전시 회사를 통해야 한다. 이 에이전시 회사는 오페어를 원하는 가정을 방문해서 집안 환경을 점검하고 오페어가 머물기 적당한지 여부를 확인한다. 그리고 오페어 비자를 발급하기 위한 여러 서류를 마련할 수 있도록 돕는다.

오페어는 하루 7시간 미만, 주 5회 미만의 근무를 해야 한다. 그 외의 시간에는 오페어가 자유롭게 네덜란드를 탐구하도록 해야 하고, 주말에 가족 여행을 가거나 나들이 계획이 있을 때 가끔 오페어와 동행하며 네덜란드를 소개해줄 수도 있다. 이런 모든 사항을 꼼꼼히 계약서에 기록한다.

가정에서는 오페어가 네덜란드 문화를 경험하고 생활하는 데 필요한 소정의 용돈을 한 달에 약 350~450유로 미만으로 지급한다. 우리 돈으로 45만~60만 원 미만의 금액이다. 오페어로 생활할 수 있는 기회는 한 번이며 기간은 1년인데 경우에 따라서 2년까지 연장도 가능하다. 오페어가 네덜란드에 오갈 때 필요한 왕복 비행기 티켓, 비자 발급, 서류 수속, 에이전시 회사에 들어가는 비용은 가정에서 부담한다.

무엇보다도 모든 과정을 합법적 절차에 따라 진행하니 불법 체류자가 양산될 우려가 덜하다. 오페어가 해야 할 일과 권리를 명확하게 계약서에 규정해놓기 때문에 불필요한 마찰이나 인권 문제 발생 소지도 적다.

물론 이 정도 비용이 전혀 부담 없는 것은 아니다. 하지만 지금 우리 현실을 보면 200만 원 이상의 비용을 들이고도 엄마가 출근해 일하는 동안 집안일이나 아이를 챙길 사람 구하는 일이 쉽지 않다. 그야말로 아이 돌보는 문제를 어떻게 해결할 수 있는지가 엄마의 직장 생활 지속 여부를 판가름 짓는 안타까운 상황이다. 세상의 모든 엄마들이 집안일을 전담하는 가정부까지 원하는 것은 아니다. 바쁜 가운데 생활하면서 손이 필요할 때마다 옆에서 도와줄 수 있는 사람이 아쉬운 것이다. 그게 가능하다면 엄마들은 지금보다 훨씬 자유롭게 자신의 일을 하고 꿈을 펼칠 수 있다.

우리나라에도 속히 오페어 비슷한 제도가 생기길 바란다. 아이 낳아 키우는 엄마들이 모든 것을 희생하지 않고도 일과 삶을 적절히 균형 있게 유지할 수 있는 세상이 오길 바란다. 그런 해법을 찾는 국가적인 노력이 네덜란드 엄마들의 어깨를 든든하게 해주는 힘이 되었다. 우리도 주장하면 길이 열리지 않을까.

1-3 차분한 임신 기간이 차분한 아이를 낳는다

여자에게 임신은 큰 축복이다. 하지만 임신했음을 아는 순간 기쁨 못지 않은 고민과 두려움도 크게 다가온다. 특히 처음 한 임신일수록 더 그렇다. 임신에 대해 아는 것이 별로 없기 때문이다.

그러다 보니 임산부는 하루하루 이런저런 이유와 물음을 안은 채 불안하다. 인터넷과 각종 서적에 나오는 수많은 사례와 조언을 접할수록 임신에 대한 부담감은 눈덩이처럼 자란다. 임신 중 지켜야 할 것, 임신 중 해서는 안 될 것, 임신 중 먹어야 할 것, 반대로 먹어서는 안 되는 것. 지켜야 할 규칙이 너무나 많은 데다 그 기준조차 천차만별이다. 알면 알수록 어렵고 혼란스럽기 일쑤다.

이런 가운데 행여 남편이 내 복잡한 속내를 이해 못하는 눈치라도 보이면 마음 깊은 곳에서 즉각 서운함이 차오른다. 그리고 그 일을 두고두고 가슴에 담아두며 기회 있을 때마다 끄집어낸다. 열 달 동안 행복을 만끽하기에도 부족한 임신 기간인데, 아쉬움 같은 부정적인 감정도 함께 겪는다. 여성에게 임신은 가히 쉽지 않은 시기다.

그렇다면 어디에서부터 문제가 불거지는 것일까.

다름 아닌 지나친 학습 욕구 혹은 지나친 완벽주의 때문이다. 우리가 임신했음을 알게 되는 지점은 바로 내 아이의 인생이 시작되는 순간이다. 그때부터 여성은 엄마로서 배 속 아이의 완벽한 삶을 향한 여정에 조금도 소홀하고 싶지 않은 것이다.

육아 서적을 구매하고 임산부 커뮤니티 사이트에 가입해 온갖 정보를 나눈다. 별별 정보를 공유한다. 심지어 산부인과에서 찍은 초음파 사진 한 장을 두고도 분석하고 감상하며 품평회를 한다. 각자가 경험하는 여러 가지 증상을 털어놓으면서 다분히 의학적인 정보를 전문의 수준으로 주고받기도 한다. 그뿐 아니라 임신 중 발생하는 각종 가정 문제를 두고서는 심리학 박사의 가정 상담 같은 이야기도 오간다. 인터넷 커뮤니티에는 임신 기간을 함께하는 익명의 동지들이 많다. 하지만 때로는 과한 것이 없느니만 못할 때가 있다.

임신과 더불어 시작되는 산부인과 쇼핑 역시 피곤한 일이다. 예산 대비 최상의 산부인과와 담당 의사를 만나려는 정성이 대단하다. 병원과 의사는 물론 직원 및 내부 시설까지 꼼꼼하게 평가하고 공유한다. 나아가 산후조리원에 대한 촘촘한 후기도 공유하니, 인터넷 커뮤니티에는 정보가 넘쳐난다. 행여 나의 임신 증상이 조금이라도 다르거나 보편적이지 않은 경우면 덜컥 불안해지면서 한 시간이고 두 시간이고 정보를 수집해 궁금증을 해소하려 노력한다. 어쩌면 가장 탐구심이 높은 시기가 임신 기간일지도 모르겠다. 그러다 보니 임신 기간은 끝없는 질문과 풀리지 않는 궁금증의 시기가 되기 일쑤다. 새 생명을 기다리는 거룩하고 평화로운 행복의 시기이기보다 분주하고 초조한 시기로 후다닥 보내버리는 시간이 되기 쉽다.

'차분한 임신 기간이 차분한 아이를 낳는다.'

이 얘기는 네덜란드 사람들이 임신에 대해 갖고 있는 보편적 전제쯤이라고 해두면 되겠다. 네덜란드 여성도 임신을 하면 기뻐하고 한편으로는 긴장한다. 그들의 독특한 출산 분위기 때문에 많은 네덜란드 여성은 산부인과 의사보다 조산사와 더 자주 얘기를 나누고 궁금해하는 정보를 듣는다.

그 과정에서 그녀들은 해서는 안 될 것 혹은 해야 할 것의 목록을 정하기보다 임신이라는 것을 자연스럽게 받아들이고 지금까지의 생활을 흐트러뜨리지 않는 데 더 집중한다. 가령 커피를 마시는 일만 해도 편안한 태도로 접근한다. '하루 몇 잔' 이렇게 정해놓고 스트레스 받아가며 하루 동안 마신 커피 잔을 세고 있기보다는 마시고 싶을 때 알아서 '적당히' 마신다. 임신 기간이 아닌 평상시에도 먹었을 때 건강에 해가 되는 음식을 제외하고는 '반드시 먹지 말아야 할 음식' 목록에 집착하거나 '반드시 몸에 좋으니 챙겨 먹어야 할 음식'만을 찾아 먹는 일은 없다. 한마디로 너무 유난스러운 임신 기간 행동 수칙은 지양한다.

커피를 즐겨 마시지 않던 나는 입덧이 심한 기간에 커피가 굉장히 마시고 싶었다. 한두 잔 정도는 괜찮다는 의사의 말에도 못내 불안해 굳이 '디카페인' 커피를 찾았다. 하지만 그조차도 불안해서 결국 커피를 안 마시기로 하고 임신 기간 내내 커피 향을 맡고 싶은 욕구, 향긋한 커피 한 잔의 욕구를 꾹꾹 참았다. 결국, 아이를 낳고 나서 억눌렀던 유혹이 폭발한 나머지 지금은 가히 중독이라 할 정도로 커피를 많이 마시고 있다. 억지로 참으면 어디론가 터진다.

봄이 오는 길목이었다. 네덜란드에 와서 알게 된 스웨덴 친구 조세핀은 셋째 딸을 낳은 지 얼마 되지 않았다. 스페인 친구 마리아도 딸이 셋이다. 나도 아이가 셋인 데다 우리 막내와 동갑내기 딸들이 있는지라 우리 셋 사이에는 뭔지 모를 공감 기류가 있었다.

그날 아침 오순도순 모여서 커피를 마시던 중 산부인과 얘기가 나왔다. 조세핀은 네덜란드 바로 북쪽의 스칸디나비아 사람이라 네덜란드 산부인과와 출산 시스템을 좋아할 거라고 생각했다. 그래서 내가 말을 꺼냈다.

"네덜란드 산부인과는 어때? 여기에서의 출산은 매우 자연스럽고 편안할 것 같은데."

"나는 절대로 네덜란드에서 아이를 낳지 않을 거야. 스톡홀름에 가면 얼마나 팬시하고 아늑한 산부인과가 많은데. 게다가 여기는 임산부한테 별 큰 관심을 가져주지 않더라고." 스웨덴 친구는 이렇게 말했다.

지극히 자연스러운 네덜란드의 출산 의식을 모두가 즐기는 것은 아니다. 네덜란드 임산부들 역시 마찬가지다. 하지만 포인트는 야단법석을 지양한다는 것.

'아이는 배 속에 있을 때 가장 편하다'는 얘기를 임신과 출산을 경험해본 여성이라면 알 것이다. 본격적인 육아 전쟁을 시작하기 전 몇 개월만이라도 편하고 느긋하게 임신 기간을 즐겨보자. 이는 여성만이 가질 수 있는 특권이니 누려야 한다.

1-4 산부인과 의사보다 더 자주 만나는 조산사

네덜란드 여성들은 일단 임신을 하게 되면 산부인과 의사보다 조산사와 더 자주 만난다. 조산사는 임신 순간부터 산후 조리가 끝날 때까지 임산부와 함께하며 여러 가지 관련 정보를 제공한다. 임신을 최대한 자연스러운 현상으로 받아들이고 대처하는 네덜란드 여성들은 많은 경우 조산사의 도움을 받는다. 산부인과에 가서 정기 검진을 받기는 하지만 임신 기간 내내 조산사와 소통하고 그의 도움을 받다가 아이를 집에서 낳는 경우도 적지 않다. 여타 유럽이나 아메리카 대륙 등 서구 여느 나라들과는 다른 출산 문화다.

네덜란드 조산사는 여성의 임신과 출산 및 산후 관리까지 도와주는 공인된 전문가다. 임신과 관련해 궁금한 것이 있거나 불안해질 때면 네덜란드 여성들은 조산사와 상담하고 위안을 받는다. 병원을 찾으면 아무래도 환자가 된 느낌이 들기 때문에 마음 한구석이 왠지 불편해진다. 하지만 조산사는 그럴 염려가 없다. 의학 지식을 갖춘 안전하고 편안한 친구가 될 수 있다.

산부인과 대신 조산사와 함께하는 임신 여정에는 그들이 추구하는 특별한 장점이 있다. 먼저 아늑하고 편안한 분위기(gezellig omringend)다. 네덜란드 사람들은 유난히 이 헤젤리흐(gezellig)에 집착한다. 발음하기도 어려운 헤젤리흐를 한국어로 번역하자면 '편안함', '아늑함' 정도가 되겠다. 어둡고 축축한 겨울을 보내야 하는 기후적 요건 때문인지, 네덜란드 사람들은 어디서든 아늑한 분위기를 선호하며 집 안 인테리어도 최대한 편안하고 아늑한 느낌으로 연출하는 데 애쓴다.

아이를 낳을 때도 마찬가지다. 산부인과에 가면 각종 환자와 섞여 있어야 하고(임산부는 결코 환자가 아님에도 말이다) 기다리는 사람들, 예약 잡는 사람들, 그리고 끊임없이 울려대는 전화벨 소리 때문에 편안하고 아늑할 수가 없다. 더욱이 산부인과의 인테리어는 아무리 노력해도 병원의 한계에서 벗어나기 힘들다. 심리적으로 아늑함과는 거리가 생기기 마련이다.

하지만 조산사의 개인 오피스는 임산부들을 위해 최대한 편안하고 아늑하게 꾸며놓는다. 그 어디에서도 병원이라는 무시무시하고 서늘한 흔적을 찾을 수 없다. 조산사를 방문하는 임산부들은 병원에 다녀간다는 스트레스 없이 마음의 안정을 되찾고 고요한 평화까지도 얻을 수 있다.

게다가 병원에서는 진찰실에 들어가서 의사를 만나는 동안에도 정작 다음 환자를 진찰해야 하는 의료진의 부담이 느껴져 임산부도 의사도 알게 모르게 서두르는 경향이 있다. 대기실에서의 기다림은 오래이지만 의사를 만나는 시간은 그야말로 순간이다. 진찰실 문을 열고 나온 다음에 미처 물어보지 못한 질문이 생각나는 경우도 비일비재하고, 쭉 써내려간 질문 목록을 가져갔더라도 그걸 꺼내서 하나하나 물어보기에는 눈치가 보인다. 그러니 인터넷 서치를 하거나 임산부 커뮤니티 안에서 비전문가들끼리 질의응답이 활발할 수밖에 없다.

이와 달리 조산사를 방문하면 임산부가 궁금해하는 내용은 물론 향후 어떤 출산 방식을 취할 것인지, 임산부와 태아의 상태는 어떤지 등 임산부 개인에게 해당하는 여러 상황과 질문을 묻고 나눌 수 있는 장점이 있다. 개인 맞춤 서비스라는 기분이 드는 것은 물론 그로 인해 편안함과 아늑함이 따라온다.

임신 기간 중에는 가령 배가 콕콕 아프다던가 하는 사소해 보이는 일에도 걱정이 앞선다. 혹시 뭐가 잘못된 건지, 아니면 별일 아닌지 궁금하고 불안하다. 별일 아닌 것처럼 느껴지는 증상이라도 그것이 계속되면 얼마나 걱정스러운지 모른다. 그때마다 매번 병원을 방문하는 것도 무리인 데다 만일 한밤중이라면 매우 난감하다. 한밤에 담당 산부인과 의사한테 직접 전화를 거는 것은 불가능하다. 물론 요즘은 응급 상황 시 한밤중에도 전화할 수 있는 시스템을 구축한 병원이 늘어나고 있기는 하지만, 병원 공식 유선 전화로 연결되는 경우가 대부분이다.

네덜란드 조산사들은 임산부에게 개인 전화번호를 직접 건넨다. 행여 어떤 일이 발생할 경우나 특별히 이상한 증상이 느껴진다면 언제라도 임산부가 전화를 할 수 있도록 배려한다. 이런 배려가 임산부들에게 얼마나 큰 안도감을 선사하는지는 임신을 경험해본 여성이라면 크게 공감한다.

네덜란드 조산사는 공인된 전문가다. 조산사협회(KNOV: Koninklijke Nederlandse Organisatie van Verloskundigen, The Royal Dutch Organization of Midwives Associations)의 규모 역시 상당하다(참고 사이트 http://www.knov.nl/home/). 1989년에 설립된 엄연한 공인 기관이고, 현재 3,300여 명의 국가 공인 조산사들이 회원으로 가입해 있다. 네덜란드의 산부인과 전문의 수가 700명 정도이니 조산사들의 입지가 어느 정도인지 가늠할 수 있다.

조산사들은 철저한 교육을 받은 뒤 자격을 부여받을 뿐 아니라 조산사협회에서도 정기적으로 회원에 대한 교육을 실시한다. 실무 능력은 물론이고 의학 지식도 배운다. 그렇기에 조산사는 임산부의 출산과 산후 조리까지 도울 수 있는 숙련된 인력이자 전문직이다.

네덜란드의 모든 여성이 한결같이 네덜란드 출산 시스템을 지지하는 것만은 아니다. 하지만 다른 나라와 비교해볼 때 조산사와 함께하는 출산률은 상당히 높은 편이다. 임신과 출산 과정에서 자연스러움을 지향하는 특유의 네덜란드 문화다. 임산부들은 출산할 때도 가급적 마취제 약물을 사용하지 않는 방안을 선호한다. 네덜란드 임산부들은 병원에서 출산할 때 약 10퍼센트 정도만 무통 마취 주사를 맞는다. 북미 국가에서 약 6퍼센트 정도가 무통 마취 주사를 맞지 않는 것과 정반대다.

"출산 시 느끼는 고통 역시 출산의 일부다."

그들이 자주 하는 이 말의 속뜻을 보면 마취제 약물에 대한 거부감보다는 자연스러움을 더 추구하는 성향을 알 수 있다. 출산의 고통을 그저 좀 더 현실적이고 자연스러운 과정으로 받아들인다. 응급 상황이 발생하면 당연히 병원으로 직행하지만 말이다.

임신과 출산은 분명 쉬운 일이 아니다. 동서양을 막론하고 여성이 물리적으로 감내해야 하는 고통이 분명히 있다. 그러나 차가운 병원에서 맞이하는 출산의 고통보다 매일의 일상에서 가장 아늑한 상황을 연출하는 출산이 준비된다면 여성은 더 행복할 것 같다.

1-5 가정 출산을 선호하는 이유

네덜란드 여자들 사이에는 가정 분만을 선호하는 비율이 매우 높다. 물론 고위험 임신일 경우는 당연히 예외이고, 가정 출산 중 이상 징후가 발생하는 즉시 병원으로 옮긴다. 특별한 경우를 제외하고는 가장 편하고 가장 개인적인 공간인 집에서 출산하는 네덜란드 여성의 비율이 단연 유럽 제일이다. 분만 시 무통 주사를 맞는 것도 물론 선호하지 않는다. 그들은 막상 분만이 시작되면 평소 즐겨 듣던 음악이나 잔잔한 클래식 음악을 틀어놓고 양초를 켬으로써 은은하고 아늑한 분위기를 연출한다. 다 그렇게 음악을 틀고 양초를 켜는 것은 아니지만 가능한 한 가장 편안한 환경을 조성하는 데 애쓴다. 네덜란드 여성들이 가정에서 출산하는 이유는 본인에게 가장 익숙하고 지극히 개인적인 자기만의 공간에서 아이를 만나고 싶어 하기 때문이다.

유럽 및 서구 국가에서 이렇게 가정 출산을 하는 것은 흔치 않다. 2014년 네덜란드에서 가정 내 출산율은 13퍼센트에 달했다. 벨기에나 프랑스, 독일 등 같은 유럽 국가의 비율이 2퍼센트 미만인 것에 비하면 네덜란드의 가정 출산률이 얼마나 높은지 짐작이 간다. 네덜란드의 가정 출산 비율은 1970년대에만 해도 무려 70퍼센트에 달했지만 1980년대에는 35퍼센트 정도로 급격히 하락하면서 현재는 10퍼센트 대에 머물고 있다. 네덜란드 여성들 역시 집에서 출산하는 것을 위험스럽게 생각해 감히 엄두를 못내는 경우도 많다. 그러나 가정 출산이 병원 출산보다 결코 더 위험하지 않다는 연구 결과도 나왔고, 네덜란드 조산사협회가 조사한 바에 따르면 여전히 82퍼센트 정도의 여성이 가정 출산 가능성을 열어두고 있는 것으로 나타났다.

언젠가부터 우리나라에도 수중 분만, 그네 분만 등 여러 가지 분만법이 소개되기 시작했다. 몇몇 연예인이 수중 분만 같은 '특이한' 분만법을 실시한 것이 방송을 타면 그런 방식이 유행처럼 번지곤 한다. 출산도 유행 따라 스타일이 달라진다. 그런데 아이 낳는 것을 과연 유행 따라 할 일인지는 의문이다. 편안해야 할 임산부가 알게 모르게 괜한 데까지 에너지를 쓰는 셈이기 때문이다.

출산 방식이나 장소를 선택하는 데 있어 확연하게 드러나는 관점의 차이가 여기 또 있다. 가정 출산이 좋다거나 병원 출산이 더 안전하다거나 하는 논쟁과는 거리가 멀다. 네덜란드 여성들은 출산을 함에 있어 '선택의 자유'를 무엇보다도 중요시한다. 어떤 출산법이 좋다거나 보편적인 출산법을 따라야 한다거나 굳이 수선을 떨지 말라거나 하는 식의 통념이 없다.

임산부가 원하는 방식을 병원에서도, 조산사도, 주변의 가족도 존중해준다. 어떤 방식으로 어디에서 출산을 할지 선택하는 것은 임산부의 가장 기본적인 권리로서 존중받는다. 네덜란드 여성들이 자국의 출산 문화에 대해 자랑하고 있는 부분이다. 병원에서도 '우리 병원은 이래야 한다'는 방식 대신 임산부가 원하는 다양한 옵션을 준비해서 제공한다. 네덜란드 여성이 칭송하는 그들의 출산 문화는 임산부에게 모든 선택권이 있다는 것이다. 이른바 '여성 친화적인 출산 시스템(vrouwvriendelijk geboorte system)'이야말로 그들이 추구하는 모토다.

그러니 그저 평소처럼 편안한 상태에서 아이를 낳고 싶어 가정 출산을 선택하는 것과 태어날 아이의 정서나 산모의 웰빙에 좋다는 학설이나 기대를 바탕으로 굳이 독특한 출산법을 추구하는 것은 애초 그 목적이 다르다.

어떤 출산법이 아이의 장래를 위해서 가장 좋은 것일지, 정말 출산 방법이나 장소에 따라서 아이의 성격이나 지능이 달라지는지는 아무도 모른다. 다만, 네덜란드 여성들은 본인을 위해, 본인이 좋아서, 본인의 의사에 따라 가정 출산을 하는 것이다. 출산하는 데는 산모의 편안함과 건강이 가장 중요하다. 그러니 여성들이여, 본인에게 가장 편안한 길로 가도록 하자.

1-6 임산부는 환자가 아니다

네덜란드 여성 스스로는 물론 네덜란드 사회에서는 임산부를 바라보는 눈이 특별히 다르지 않다. 임산부에 대한 배려가 전혀 없다는 얘기가 아니다. 임신을 했기 때문에 특별히 더 조심을 해야 한다거나 아무것도 할 수 없는 사람이라는 인식이 크지 않다.

이들은 임신을 여성에게 발생한 어떤 '위험한 일'이라 생각하지 않고, 그저 자연스러운 하나의 현상으로 받아들이고 바라본다. 어려서부터 자전거 타고 다니는 것이 생활화된 네덜란드 여성들은 출산 직전까지도 자전거를 타고 다닐 정도다. 비바람이 많이 몰아치는 날이나 한겨울 길이 미끄럽거나 한 경우는 당연히 예외지만 말이다.

출산 시 마취 주사를 맞아야 할지 여부를 바라보는 시각도 우리나라와 네덜란드는 매우 다르다.

우리는 마취 주사가 산모나 태아에게 어떤 영향을 미치는지에 관심을 집중한다. 고로, 굳이 마취제를 맞는 것은 좋을 게 없으니 가급적이면 아이를 위해 무통 분만을 포기하고 출산의 고통을 감내하는 위대한 모성애를 발휘하기도 한다.

네덜란드 여성들은 출산 시 고통을 출산의 한 자연스러운 과정이라고 여긴다. 네덜란드에서 배포하는 임신 출산 자료집에는 이런 글귀가 있다.

"출산은 고통스럽다. 그것을 모른 척할 수는 없다. 하지만 모든 출산은 다 상이하기 때문에 임산부에 따라 어느 정도의 고통을 겪게 될지는 예측하기 어렵다."

솔직하고 직설적이며 실용적인 네덜란드 사람들답게 임산부한테 전하는 글귀에도 당황스러울 만큼 명료한 의미가 담겨 있다. 여기엔 출산의 고통이란 단지 자연스러운 과정이기에 두려워할 일도, 인위적으로 막아야 할 일도 아니라는 인식이 스며 있다.

2013년 통계에 의하면 18.4퍼센트의 여성만이 무통 분만 주사를 맞은 것으로 확인됐다.

여기서 무통 주사 마취를 하지 않는 출산이 더 좋다고 볼 필요는 없다. 네덜란드 여성들도 굳이 무통 분만을 할 수 있는데 왜 고통을 참아야 하는지 의문을 제기할 때가 많다.

무통 주사를 맞건 안 맞건 그것은 산모 개인의 상황에 따라 얼마든지 달라질 수 있다는 것이 포인트다.

네덜란드에서는 임신과 출산을 의학적인 상황 속에서 바라보지 않는다. 그러니 자연스러운 출산 과정에서 산모의 필요에 따라 적절한 대처를 하는 것일 뿐, 누구라도 따라야 하는 모범 답안이 있지 않다는 데 포커스를 맞춰야 할 것이다.

가령 무통 주사를 맞았다고 해서 죄책감을 가질 이유도 없고, 자연 분만 대신 제왕 절개를 했다고 해서 모성 본능이 약하다는 식의 판단은 금물이다. 임산부들만 피곤해질 뿐이다.

병원에서 출산을 마친 여성은 특별히 다른 우려 증상이 없을 경우 불과 네다섯 시간이 지나면 짐을 챙겨 집으로 간다. 병원에 오래 머물수록 감염 가능성이 높기 때문에 얼른 집으로 가는 것이 오히려 더 안전하고 위생적이라고 믿는다.

"아프지도 않은데 굳이 왜 병원에 남아 있나요? 내 집으로 가서 내 침대에 누워 있는 게 더 낫지 않나요?"

출산 후 네덜란드 여성들이 보이는 대부분의 반응이다.

게다가 검소함을 중시하는 칼뱅주의 사람들 입장에서, 병도 아닌데 굳이 돈 내고 병원에 머물기보다는 안락하고 편안한 집으로 가는 편이 돈도 절약할 수 있어 일석이조라고 생각한다.

나는 산후 조리의 중요성을 믿는다. 우리 몸의 유전자와 구조는 서양 여성의 그것과 다르다고 믿는다.

그러기에 아이를 낳고 나서 바로 움직이며 활동하기보다는 좀 조심하고 몸을 추스르는 것이 더 낫다고 본다. 그러나 몸을 조금이라도 잘못 다루면 큰일 날 것처럼 마치 병자인 양 행동하거나 주변에서 그렇게 대우하는 것이 지나치면 안 된다고 생각한다. 산모들이 종종 겪는 출산 후의 정신적 우울감 같은 증상을 오히려 배가시킬 우려가 있을 것 같기 때문이다. 여성은 단지 출산을 했을 뿐 아프거나 몸이 망가진 것이 아니다.

1-7
산후 우울증 없애주는 산모의 우렁각시 크람조르흐

아이를 낳은 네덜란드 여성들은 곧바로 집으로 돌아가 자신의 일상으로 복귀한다. 아이를 낳은 뒤 겪는 감정의 기복은 네덜란드 여성들이라고 예외는 아니다. 왜냐하면 그것은 호르몬의 작용이기 때문이다.

우리의 경우는 '삼칠일'이라고 해서 21일 동안 손님을 집에 들이지 않는 것이 전통처럼 되어 있다. 산모와 아이를 바깥의 유해 세균으로부터 격리하고 병에 감염되는 것을 막자는 취지와 더불어, 아이를 낳느라 지친 산모가 피곤하지 않도록 푹 쉬게 하려는 배려다. 이렇게 자의 반 타의 반 '격리'되어 있는 산모들은 우울감을 느끼기도 하고 신생아를 돌보는 스트레스 때문에 심신이 지치기도 한다. 세상에서 가장 귀한 내 아이가 태어났음에도 현실은 나에게 마냥 행복함을 선사하지 않는다. 여성에게 이 녹록지 않은 시간은 어쩌면 다시 경험하고 싶지 않은 기억일 수도 있다. 아이를 낳고 기뻐 들떠야 할 시기에 이렇게 힘겨운 시간을 맞아야 하는 것이 참 안타깝다.

네덜란드 여성들이 산후 우울증으로 많이 힘들어한다는 얘기는 듣기 힘들다. 이유야 여러 가지가 있겠지만 우리와 좀 다른 상황 때문이리라 짐작한다.

먼저 출산 후에도 이어지는 놀라운 복지 혜택 덕분이다. 네덜란드 여성들은 출산 직후 일주일에서 열흘가량은 전문가의 도움을 받는다. 병원에서 퇴원하는 산모를 위해 간호사를 집으로 보내준다. 그들을 '크람조르흐 간호사(kraamzorg nurse)'라고 부르는데 고도로 훈련된 출산 후 케어 전문 간호사다. 임산부가 가입해 있는 보험에 따라 소정의 비용을 지불하기는 하지만(대개는 한 시간에 5유로 정도) 이런 전문가와 함께 출산 직후의 시간을 보낼 수 있다는 것은 산모에게 더할 나위 없는 큰 선물이다.

산모의 집을 방문한 크람조르흐 간호사는 산모가 모유 수유하는 것을 도와주기도 하고, 아이 기저귀를 갈고 체온·맥박·기분·호흡 등 아이의 기본적인 상태를 매일 체크하며, 아이와 산모를 위해 간단한 음식을 준비해준다. 또 위생적인 공간을 조성할 수 있도록 간단한 집 안 청소 등도 도맡는다. 산모가 갓난아이와 함께 처음 감당하기에 어려울 수 있는 부분들을 크람조르흐가 맡아서 해낸다. 네덜란드 여성들은 한결같이 크람조르흐 제도를 매우 반긴다. 몸과 마음이 편한 네덜란드 여성에게 우울증이 덜한 것은 자연스러운 결과다.

산후 우울증은 호르몬으로 인해 유발되기도 한다. 게다가 갓난아이와 지내며 순간순간 불안하고 끊임없이 생기는 궁금증을 일일이 물어보지 못하는 상황에 처하면 누구라도 더 우울해진다. 첫 출산을 한 뒤 아이와 집에 왔을 때, 자는 아이를 보면 과연 아이가 숨을 제대로 쉬고는 있는지, 언제쯤 기저귀를 갈아줘야 하는지, 우유는 어느 정도 먹이는 것이 적당할지, 아이가 울고 보챌 때 그 이유는 무엇인지 등 온통 궁금한 것투성이다.

이때 인터넷 정보를 뒤지거나, 경험자들의 조언을 듣거나 하는 것이 전부다. 아이를 키우는 것이 스트레스가 되는 순간이다. 경제적으로도 부담이 크다. 일단 아이를 낳으면 비싼 비용을 치르고 사람을 고용해야 하거나, 친정엄마의 도움을 받거나, 그것조차 어려우면 본인이 직장을 그만두고 스스로 감당해야 한다. 심적·육체적 부담은 결국 우울감을 만들어내고, 출산이라는 위대한 과업을 마친 여성은 곧바로 정신적 심연으로 가라앉는 위기를 맞는다.

아이를 낳고 길러야 하는 여성이 받아 마땅한 복지 혜택을 받고 있지 못하는 우리의 현실을 당장 바꿀 수는 없다. 우리나라보다 사회적·경제적으로 훨씬 안정되어 있고 인간의 가치를 그 무엇보다 높게 인정하는 사고방식이 이미 정립된 나라와 단순 비교하며 슬퍼해봐야 속만 쓰리다.

다만, 출산 직후의 여성이 감당해야 하는 심신의 어려움이 출산 후 여성 누구나 겪는 통과의례라고 생각하지 말자는 것이다. 아이를 낳은 여성이라면 어쩔 수 없이 이렇게 힘겨운 시기를 일정 기간 이겨내야만 한다고, 그것이 현실이라고 치부해버리면 안 된다. '나는 애 낳고 이 고생을 하는데 남편은 말쑥하게 출근했다가 자기 일 마치고 퇴근하는구나' 하면서 스트레스의 화살을 남편에게 돌리는 것도 금물이다.

이런 다툼은 나와 우리 가족에게만 손해이니 억울한 일이다. 대신, 우리와 똑같이 아이를 낳고도 좋은 혜택을 누리며 살고 있는 지구 반대편의 여성들을 보면서 우리도 그런 환경을 만들어야 한다는 요구 사항을 마음속에 가져야 한다. 그리고 기회가 될 때마다 나와 내 아이가 그런 혜택을 받으며 살아갈 수 있도록 이 사회가 점차 바뀌어야 한다고 목소리를 내보자. 화살의 방향을 내 가정이 아니라 바깥으로 돌려야 한다. 사회를 향해, 국가를 향해,

위정자들을 향해, 공무원들을 향해서 말이다. 무엇이 잘못됐는지 왜 잘못됐는지 무엇을 어떻게 개선해야 할지는 출산을 경험한 여성들이 가장 잘 알기 때문이다.

1-8 산모가 주인공이 되는 크람비시터 파티

네덜란드에서는 아이가 태어나자마자부터 첫 몇 주 동안 산모가 집으로 오는 방문객을 맞이하는 전통이 있다. 미리 약속하지 않고 남의 집을 방문하는 것이 매우 어색한 네덜란드에서 이 방문은 이미 아이가 태어나기 전부터 철저하게 짜인 시간표에 따라 이루어진다. 예컨대 '하루 두 번 아침과 오후, 방문 시간은 30분 이내', '오늘은 친구 가족 A, 내일은 친척 B' 이런 식이다.

다소 공식적인 행사이기도 한 이 손님맞이 행사에는 '크람비시터(kraamvisite)'라는 명칭이 붙어 있다. 크람비시터는 산모를 위한 짧고 즐거운 시간이다. 아이를 낳은 첫 몇 주간은 산모에게 버거운 시기이기도 하고 세상으로부터 고립된 외로운 시기일 수도 있다. 이에 네덜란드 사람들은 크람비시터라는 행사로 산모를 방문해 산모가 우울해하지 않도록 즐거움을 선사하고, 배려와 관심을 표현하며, 누군가와 함께 있다는 느낌을 전해준다.

크람비시터를 반대하는 여성도 있다. 너무 이른 시기에 아이가 많은 외부인에게 노출될 경우 행여 병에 걸릴까 걱정되기도 하고 아이와의 개인적 시간을 더 선호하기 때문이다. 하지만 크람비시터를 찬성하는 여성들은 대부분 이를 통해 본인이 특별하고, 관심받고, 사랑받고 있음을 새삼 느낄 수 있어 만족스럽다고 말한다.

핵심은 여기에 있다. 크람비시터를 하건 안 하건 산모는 아이를 낳은 뒤 자신이 가장 특별하고 소중한 존재임을 끊임없이 인식하는 환경을 조성하는 것이다. 네덜란드와 달리 우리나라는 출산 후 '삼칠일'이라는 기간이 있어 외부인과 접촉을 꺼리는 편이다. 이런 풍습을 가진 나라는 한국 말고도 여럿 있다. 크람비시터를 하는 것이 더 좋은지 삼칠일을 고수하는 것이 더 좋은지는 온전히 산모 개인의 판단에 맡겨야 한다.

당분간 외부와 단절된 시간을 갖는 경우를 생각해보자. 아이를 낳은 후 아이와 산모를 보호한다는 차원에서 외부와 단절하고 둘만의 시간을 갖길 원한다면 그 방해받지 않는 시기를 온전히 즐겨야 한다. 대다수 사람들은 적어도 아이를 낳았다고 하면 일정 기간 동안 산모를 귀찮게 하지 않아야 한다는 데 동의한다. 그러니 산모에게는 만나고 싶지 않은 사람을 만나지 않을 권리와 타당한 이유가 무제한으로 제공된다. 그 기회를 즐기도록 하자.

외모에 자신 있던 여성도 아이를 낳고 나면 모유 수유를 하고 몸을 추스르지 못해 변해버린 외모 때문에 자신감이 떨어진다. 누군가를 만나고 싶지도 않다. 출산 후 외부인을 만나지 않는 것은 지켜야 할 사회적 관습이나 주위의 시선으로부터 숨는 기간이 아니다. 필요에 의해 사회로부터 단절된 시기를 보내는 중이니 우울해할 이유가 없다. 갓 태어난 내 아이와 함께 세상에서 가장 프라이빗하고 소중한 시간을 누릴 수 있는 특별한 시기라 생각하고 이를 마음껏 활용하도록 하자. 불과 몇 년 지나지 않아서는 아이를 위해 만나고 싶지 않은 사람도 억지로 만나야 하고 지겹도록 많은 사람과 소통하고 어울리며 살아야 할 피곤한 순간들이 기다리고 있다. 그러니 의도적으로 '격리된' 이 기간은 매우 소중한 기회다.

네덜란드식 편안한 양육:
엄마로 본격 출발

The Power of
Dutch Mother

2-1 유치원에서 배우는 처세술

네덜란드 아이들은 만 4세가 되면 대부분 유치원에 등록한다. 법적으로 아이가 만 5세까지는 반드시 유치원에 등록해 다닐 수 있도록 해야 한다. 물론 아이들이 다닐 수 있는 동네 유치원은 충분하다. 우리처럼 유치원, 어린이집 등록을 위해 줄을 서야 하고 임신하자마자 대기자 명단에 올려놓아야 하는 상식적이지 않은 상황은 벌어지지 않는다.

네덜란드의 유치원은 의무교육에 속한다. 유치원 2년과 그다음 6년 총 8년 동안이 초등 교육 기간이다. 네덜란드 유치원에서는 아이들에게 사회생활을 가르친다. 다른 사람들과 함께하는 방법을 일찌감치 배우도록 한다. 협동, 질서, 양보, 규칙, 교통 법규, 도움 등이 매우 중요한 교육 항목이다. 아이들은 유치원에서 숫자를 배우거나, 외국어를 배우거나, 작문을 하지 않는다. 신나게 놀고 남들과 조화롭게 어울리는 방법을 습득한다. 전문 자격증이 있는 교사에게 예체능을 배우고 독서도 한다.

흥미로운 점은 교사가 아이들의 이런 사회 적응 활동을 면밀히 관찰하고 기록한 뒤 학기 말에 아이의 유급 여부를 결정한다는 사실이다. 예를 들어, 남을 배려하는 모습을 전혀 보이지 않는다든가, 양보를 모르고 지나치게 이기적이라든가, 교사의 지침에 따라 질서를 지키지 않을 경우 유급이 된다.

그러니까 아이가 사회생활에 필요한 요소를 충분히 습득하지 못했다고 판단되면 그 부분을 다시 배우도록 하는 것이다. 물론 교사들은 전문적인 지식과 경험을 기준으로 판단을 내리고 부모 역시 그 결정에 대부분 수긍하는 편이다.

네덜란드 사람들은 아이가 온전한 사회인으로 성장하고, 학교생활을 원만히 잘해내기 위해서는 그 인성의 바탕을 미리 다져야 한다고 믿는다. 유치원에서 이미 세상을 살아가는 올바른 방법을 터득하도록 만드는 셈이다.

이 당연한 명제가 어째 우리의 현실 속에서는 생소해 보인다. 아이가 양보를 절대 안 한다고 그걸 1년 더 배운다는 것을 상상이나 할 수 있을까. 유치원 때부터 지나치게 달아오른 영어 경쟁, 수학 경쟁, 아이들이 기막히게 써내려가는 영어 작문, 척척 풀어내는 어려운 수학 문제. 이를 위해 쏟아붓는 조기 교육 노력에 대해서 굳이 내가, 아니 감히 내가 옳다 그르다, 해라 마라 할 일은 아니다. 엄마가 자녀를 위한 마음에서 하고 있는 일이니 말이다.

하지만 정말 자녀를 위한다면 네덜란드 엄마들의 유치원 교육관을 한번 곰곰이 생각해보길 바란다. 그들은 아이들이 어린 시절 유치원에서 배우는 사회성이야말로 삶을 살아가는 데 중요한 바탕이 된다고 믿는다. 앞으로 쭉 이어질 교육 과정에 잘 적응할 수 있는 기초를 다지고, 훌륭한 인격의 소유자로 성장하는 기반을 잡아주는 것이 그 무엇보다도 선행되어야 한다고 여긴다.

우리는 아이들에게 사회성 혹은 인성 교육은 언제 어떻게 시키고 있는지 돌아봐야 한다. 가정에서 사회성 교육이 과연 이뤄지고는 있는가. 유치원에서 배우는 사회성 교육에 아이가 얼마만큼 월등한 실력을 발휘하고 있는지 과연 관심을 갖고 있는가. 우리도 네덜란드 엄마들처럼 내 아이가 사회성에서 뒤떨어지지 않고 누구보다도 인성이 뛰어난 인물로 크도록 욕심을 좀 부려보면 어떨까. 사회성, 인성보다 성적이 더 중요한 것은 절대로 아니다. 사회적으로 온전한 인격 성숙이 안 된 채로 공부만 잘하면 뭐 하나. 그래도 그저 아이가 반에서 일등하고 명문대만 갈 수 있다면 다 좋다고 할 것인가. 그건 착각이다. 그렇게 되면 그 사회 안에서도 잘 어울리지 못한다. 어울리지만 못하면 다행이다. 남에게 피해가 되고 불쾌감을 주는 사람이 될 수도 있다. 진정 그것을 원하는가.

2-2 아이를 맡기고도 죄책감은 제로

네덜란드 엄마들은 아이가 두 돌 정도 되면 아이 맡길 장소를 물색한다. 데이케어(daycare)라고 해서 파트타임 혹은 풀타임으로 아이를 맡아주는 기관이 곳곳에 있다. 비용 역시 비싸지 않고 일정 부분은 국가에서 보조한다. 어린 아이를 맡길 곳이 없을 뿐 아니라 아이 돌보는 도우미 비용이 어마어마한 우리나라와 비교하면 상황이 참 다르다. 명색이 아이 낳기를 장려하는 나라이니, 향후 출산과 양육의 인프라가 좀 더 풍부해질 그날을 오매불망 기다려 볼 수는 있겠다. 이렇게 아이를 믿고 편히 맡길 곳이 있는 네덜란드 엄마들이 부럽다. 그래서일까, 너무 어린 나이에 아이가 엄마와 떨어져 있는 시간이 길면 좋지 않다는 학설을 새기며 위안을 삼기도 한다.

하지만 네덜란드 엄마들은 아직 말도 잘 못하는 어린 아이를 기관에 맡기고 출근하는 데 죄책감을 갖지 않는다. 오히려 아이를 맡기지 않고 가정에서 아이만을 돌보며 자신의 일을 그만두는 상황을 더 의아하게 생각한다. 아이가 어릴 때에는 주 양육자가 바뀌지 말아야 하고, 아이 곁에 엄마가 함께늘 있어주는 것이 정서 함양에 도움이 된다는 꽤 과학적인 학설도 있지만 네덜란드 엄마들은 여기에 크게 개의치 않는 모습이다.

맡길 곳이 있다면 주저 말고 맡겨보자. 그렇다고 죄책감을 갖거나 아이에게 미안해할 필요는 없다. 엄마가 행복해야 아이도 행복하고, 엄마가 육아 스트레스에서 벗어나 있을 때 아이에게 더 애틋한 마음이 강해진다. 떼어놓는 것이 미안해 계속 아이만 바라보고 있다가는 엄마도 지친다. 그러다 보면, 이내 후회할 줄 알면서도 사소한 일에 아이한테 버럭 화를 내고 미안해하는 반복적 상황이 생긴다. 그러면서 엄마의 마음속에 서서히 우울감이 자란다. 그러니 핵심은 아이를 맡기는 것이 좋은지 아닌지가 아니라, 아이를 맘 놓고 맡길 곳을 만들어 엄마에게 숨 쉴 틈을 줘야 하는 데 있다.

비행기 위기 상황에서도 산소마스크를 엄마가 먼저 쓴 뒤에 자녀에게 올바로 씌워주라고 한다. 우선 엄마의 심신이 편해야 아이에게 더 큰 사랑을 쏟아줄 수 있다. 아이를 맡길 여건이 된다면 죄책감을 갖지 말고 맡기자. 그런 다음 아이에게 더 큰 애정을 쏟는 데에만 신경을 쓰는 것이 낫다.

2-3
부모 사랑 너머 조부모 사랑

'노인 육아'는 이제 우리나라에서 보편적인 광경이다. 맞벌이하는 자녀의 자식을 도맡아 돌보는 할머니 할아버지들은 제2의 육아로 매우 피곤하다. 엄마 아빠가 출근하면 마땅히 아이를 맡길 기관이 턱없이 부족하고, 야근이나 회식 등 부모의 퇴근은 예측할 수도 없기에 우리나라의 할머니 할아버지들 중에는 직장 생활하는 자녀의 자녀, 즉 손주 양육에 힘들어하는 경우가 많다. 그 이유는 다양하다. 당장 부모가 출근해야 하는데 아이를 아침 일찍 맡아주는 기관이 부족해서이기도 하고, 퇴근은 늦는데 유치원이나 어린이집은 일찍 문을 닫기 때문이기도 하고, 아이 맡길 도우미를 구할 경제적 여력이 안 돼서이기도 하고, 남의 손에 아이를 맡기는 게 불안해서이기도 하다. 단지 아이랑 놀아주기 위해 가볍고 기쁜 마음으로 손주와 시간을 보내는 할머니 할아버지들은 그리 많지 않다.

네덜란드 어린이는 대부분 할머니 할아버지와 친하다. 어릴 때부터 정기적으로 할머니 할아버지와 만남을 갖고 함께 즐겁게 놀이하는 시간을 갖기 때문이다. 손자 손녀의 유모차를 끌면서 거리 산책을 하는 광경도 자주 볼 수 있다. 놀이터에 가보면 할머니 할아버지가 어린 손자 손녀를 데리고 나와서 같이 놀거나, 벤치에 나란히 앉아 아이들이 즐겁게 뛰어노는 모습을 바라보는 걸 쉽게 목격할 수 있다. 그렇게 놀다가 시간이 되면 두 노인이 각각 아이들의 손을 붙잡고 집으로 걸어간다. 더 특이한 것은 할머니 혼자가 아니고 대개는 할아버지와 함께인 경우가 많다. 이들에게서는 버거운 모습보다 손주들과 행복한 시간을 보내며 가족 간 유대감을 돈독히 하는 분위기가 물씬 풍긴다. 어쩔 수 없이 양육을 부담하는 것이 아니고, 자발적으로 손주들과 놀아주는 상황이기 때문이다.

하루는 옆집에 살고 있는 할머니 할아버지 내외와 그 아들 가족이 하루 종일 함께 시간을 보내다 집으로 돌아가는 광경을 보았다. 3대가 어찌나 다정하고 화목하던지, 그들이 일일이 네덜란드 특유의 인사법인 볼을 세 번 맞대며 허공에 키스를 하고 헤어진 뒤 빗속을 뛰어가는 모습까지 물끄러미 서서 바라보았다.

일상의 모습이 이렇다 보니 유럽에서 조부모가 손주 양육에 가장 많이 관여하고 있는 나라가 네덜란드라는 사실이 놀랍지도 않다. 일주일에 한 번 혹은 상황에 따라 더 자주일 수도 있는데, 네덜란드 조부모들은 정해놓고 오마다흐(omadag, grandmother day)를 지킨다. 우리 옛말에도 '아이는 온 마을이 기른다'는 얘기가 있다. 아이가 하나 태어나면 많은 사람의 관심과 손길이 필요하다는 뜻이다. 여러 사람을 통해 다양한 관점을 경험하면서 아이는 균형감 있고 이해심 깊은 성인으로 성장할 수 있다. 그런 사랑을 나눠주는 성인들 역시 세상의 모든 아이는 귀하고 소중한 존재란 인식을 품을 수밖에 없다.

사연은 다르지만 우리나라도 자녀 양육에서 조부모의 존재가 중요해졌다. 안타깝게도 우리는 조부모의 재력이 클수록 아이 양육에 유리하다고들

믿고 있다. 인정하기 싫지만 일정 부분은 사실이다. 그러나 아이들에게 더 필요한 것은 할머니 할아버지의 돈이 아니다. 그들이 보내주는 따뜻한 시선과 마음이어야 한다. 조부모와 함께 돈독한 관계를 유지하며 부모의 사랑 너머에 있는 또 다른 사랑을 한껏 느끼며 자라는 것이야말로 아이들의 미래를 위한 질 좋은 양분이 된다.

그러니 부모님이 재정적으로 여유 있지 않더라도 기죽을 필요가 없다. 부모님이, 그러니까 내 아이의 할머니 할아버지가 아이에게 사랑을 듬뿍 얹어줄 수 있는 환경만으로 감사할 일이다.

직장 맘이라 조부모가 아이들을 봐주고 있다면, 아이와 함께할 수 없는 현실을 비관하는 대신 아이에게 할머니 할아버지의 사랑이 많이 전해지고 있다는 점에 더 주목하자. 아이에게 할머니 할아버지의 사랑은 부모와는 사뭇 다른 버전의 숭고한 사랑이다.

2-4 100년 된 육아의 지혜 세 개의 R

일단 아이를 낳으면 대개는 어르신들의 이런저런 조언 혹은 잔소리를 듣기 마련이다. 때로는 도움이 되기도 하지만 어떤 때는 시대에 뒤떨어진 구식 사고방식이라는 생각도 들고, 나와 전혀 의견이 다를 경우에는 뭐가 더 맞는지 헷갈리기도 한다. '배는 언제나 따뜻하게 해야 한다', '남자아이는 좀 시원하게 키워라', '우유는 미지근하게 먹여야 한다' 등 꽤 여러 사례가 있다.

우리보다 먼저 아이를 키워본 어르신들의 지혜는 사실 무조건 귀담아 듣는 것이 좋다. 적어도 아이에게 해가 될 일은 없다. 다양한 시행착오를 겪어본 그들의 노하우를 공짜로 얻을 수 있는 게 어디인가.

아이 양육과 관련해 네덜란드에는 100년 넘게 전해 내려오는 일명 '3R'라는 유명한 지침이 있다. 네덜란드어로 '레인헤이트(Reinheid)', '뤼스트(Rust)', '레헬마트(Regelmaat)'인데, 우리말로 직역하면 '청결', '평화', '규칙성'이다.

이 3R는 네덜란드의 양육서, 유아 교육 서적, 유아 전문 잡지, 육아 웹사이트(가령 www.jmouders.nl), 연구 논문 등 온갖 형태와 양식으로 곳곳에 등장하는 매우 보편적인 가르침이다.

이 기본적인 양육 지침이 언제 무엇에 의해 만들어졌는지는 의견이 분분하지만 중요한 것은 100년 전이나 지금이나 엄마들이 아이를 키울 때 고려하는 전통이라는 사실이다.

그 뜻을 좀 더 자세히 살펴보면 다음과 같다.

- **Reinheid(청결):**

깨끗한 환경과 위생을 중요시해야 한다는 의미다.

- 구체적 적용 사례: 아이에게 안전하고 위생적인 환경 조성.

• **Rust(평화):**

차분하고 침착하라는 뜻이며 평온한 휴식이라는 의미도 담겨 있다.

- 구체적 적용 사례: 충분한 수면, 조용하고 평화로운 집안 분위기, 정신적 휴식, 지나친 자극 금지, 평화롭고 고요한 양육 태도.

• **Regelmaat(규칙성):**

일관성을 지키고 일정한 계획에 맞춰 생활하라는 의미다.

- 구체적 적용 사례: 예측 가능함의 중요성 인식, 잘 짜인 일상 스케줄, 베드타임 리츄얼, 일정한 기상 및 취침 시간, 정해진 식사 시간, 일관된 훈육.

네덜란드 사람들은 아이 양육의 전통처럼 내려오는 3R가 제시하는 방식을 대체적으로 고수하고 있다. 물론 젊은 아이 엄마 중에는 3R가 너무 구식이고 할머니 세대에나 철저하게 통하던 방식이라며 크게 신경 쓰지 않는 경우도 있다. 그러나 3R의 효과는 연구 논문을 통해 과학적으로도 입증됐다. 특히 규칙적이고 충분히 휴식을 취한 아이들은 훨씬 행복하고 차분한 아이로 성장했다.

실제로 네덜란드의 아이들은 이르면 저녁 6시, 늦어도 8시에는 모두 잠자리에 든다. 부모 역시 대부분 이른 저녁을 집에서 먹고 하루를 일찍 마무리하는 규칙성을 유지하고 있으며, 아이들의 취침 시간은 무조건 지킨다. 6시가 넘으면 밖에서 노는 어린이를 볼 수 없다.

이처럼 네덜란드 아이들은 놀라울 만큼 규칙적인 일상 스케줄 속에서 살고 있다. 아이들에게 여러 가지 자유로운 환경을 허용하고 있지만 생활 습관이나 삶의 패턴은 규칙적이고 예측 가능하다.

우리나라하고는 좀 반대 상황이다. 우리 아이들은 규칙적인 학원이나 각종 학습 스케줄을 잘 지키며 지내고 있지만, 부모의 불규칙한 귀가 스케줄을 비롯해 취침이나 식사 시간 등이 일관되지 못한 경우가 잦다. 그리고 한 가정에서도 아이들의 성향에 따라서 밥 먹고, 놀고, 자고 일어나는 시간이 제각각이다.

나라에 따라서 문화도 다르고 양육 패턴 역시 다르다. 우리나라의 경우 매일 일정한 시간에 부모가 귀가하고 온 가족이 둘러앉아 아이들과 저녁을 챙겨 먹기란 그리 쉬운 일이 아니다. 아이와 함께하는 시간이 적을수록 미안한 마음에 혹은 초초한 마음에, 부모는 아이에게 일정한 가정 학습이나 놀이 스케줄을 짜주는 데 더 신경을 쓴다. 어릴 때부터 뭐라도 요란스럽게 하고 있어야 아이의 뇌를 잘 자극해 똘똘한 사람으로 성장할 것이라는 안도감이 생기기 때문이다.

네덜란드에서는 정반대의 양육 방식을 채택하고 있다. 부모는 아이가 마음껏 자유롭게 놀이를 할 수 있도록 놔두면서 동시에, 규칙적이고 차분하고 충분히 고요하게 휴식할 수 있는 환경을 조성하도록 신경 쓴다.

어떤 양육 환경이 아이에게 더 도움이 될지, 그 선택은 역시 전적으로 엄마의 몫이다.

2-5
네덜란드 아이들은 왜 밤에 잘 잘까

아이를 키울 때 힘든 일 중 하나가 바로 밤에 잠을 못 자는 것이다. 갓난아이를 데리고 집에 오면, 그 기쁨과 황홀함도 잠시, 엄마에게 혹은 아빠에게는 잠 못 자는 고된 나날이 한동안 이어진다. 한두 달에 끝나는 경우는 별로 없다. 1년 혹은 2~3년 동안 밤에 푹 잠을 못 자기도 한다. 그게 얼마나 피곤한 일인지 겪어본 사람은 안다.

아이가 자다가 아무 이유 없이 깨서 울고, 배고프다고 울면 우유를 주거나 모유 수유를 해야 하니 엄마는 정말 힘들다. 사정이 이렇다 보니 다음 날 출근해야 하는 남편은 다른 방에서 혼자 잔다. 엄마는 밤새 아이와 함께 자다 깨다를 반복하다가 아침이면 부스스한 좀비가 되어버린다. 밤에는 아이를 재우다가 스르르 같이 잠들어버리니 퇴근한 남편과 별로 얘기를 나눌 기회도 없다. 아빠도 마찬가지다. 퇴근해서 아이와 이런저런 놀이나 대화를 나눌 기회가 적어진다. 이렇게 몇 년을 지내다 보면 엄마와 아빠는 자연스럽게 각방 생활을 하게 된다. 그뿐이랴. 부족한 잠이 쌓이면 몸은 물론 정신 건강도 해치고, 사회생활에까지 좋지 않은 영향을 주기 마련이다. 아이가 잠을 잘 자는 것은 엄마의 웰빙 라이프에 필수 조건이다.

일단 네덜란드 엄마들은 아이를 일찌감치 재워 밤새 자도록 만든다. 그야말로 환상적인 얘기다. 우리나라 육아 서적이나 인터넷 커뮤니티에서도 물론 아이를 '밤새 재우기' 위한 여러 방법을 소개하고 있기는 하다. 면면히 살펴보면 다 맞는 얘기고, 실제로 네덜란드 엄마들도 그렇게 하고 있다. 다만 우리는 실천하지 않고 있을 뿐이다. 실천하고 싶지만 아이가 밤에 깨니까 어쩔 수 없다고도 할 수 있다. 그러나 건강한 아이라면 엄마가 '모진' 마음 먹고 훈련을 할 때 네덜란드 아이들처럼 일찍 잠자리에 들고 밤새 푹 잘 수 있다.

그럼 네덜란드 엄마들에게는 어떤 비결이 있기에 아이가 밤새 쿨쿨 잘 수 있을까. 결론부터 말하면 매우 심플하고 기본적이며 우리도 다 알고 있는 것들이다. 첫째, '규칙적인 생활 패턴'을 고수한다. 네덜란드 엄마들은 수면습관과 식습관을 비롯해 아이의 규칙적인 생활에 매우 집착한다. 특히 아이가 일찍 잠들 수 있는 환경을 매우 중요하게 생각한다. 매일 같은 시간에 우유를 먹이고, 목욕을 시키고, 기저귀를 갈고, 좀 안아주고 나서 눕힌 다음 취침등을 켜주고 엄마는 방을 나간다. 둘째, '단호함'이다. 밤에는 절대 우유를 주지 않는다. 아이가 울 때마다 곁으로 달려가 엄마의 존재를 확인시켜주지도 않는다. 이런 방법은 우리에게도 잘 알려져 있지만 엄마들은 '그래도 혹시……', '만약에 정말 배가 고픈 것이면……', '만약에 아이가 외로워서 엄마를 찾는 것이라면……' 뭐 이런 마음에 덩달아 깨서 아이를 안아주고 달래며 울고 있는 이유를 찾으려 한다. 여기에 대한 네덜란드 엄마들의 대답은 단호하다.

"아이는 밤에 우유를 마실 필요가 없어요."

"굳이 한밤중에 아이가 엄마의 하염없는 관심을 받을 필요는 없죠."

"아이에게는 밤에 잠을 잘 잔 엄마가 낮 동안 자기를 효율적으로 돌봐주는 것이 필요합니다."

맞는 말이다. 밤새 아이를 뒤치다꺼리하다가 피곤해진 엄마는 낮 동안 무심코 짜증을 낼 수도 있고, 몸이 힘드니 마음도 덩달아 힘들어져 아이에게 긍정적인 기운을 불어넣지 못할 가능성이 높다.

아이가 잠을 잘 잘 수 있도록 하는 각종 물품과 소품도 시중에 많이 나와 있는데 그런 것들을 잘 활용해도 좋을 것이다. 하지만 네덜란드 엄마들은 그런 것들에 그다지 큰 소비를 하지 않는다. 규칙적이고 엄격한 수면 습관을 형성하는 데 최선을 다할 뿐이다. 이 두 가지 간단한 규칙을 '철저하게' 고수하는 것만으로 큰 효과를 얻을 수 있기 때문이다. 그래서인지 네덜란드 엄마들이 밤에 잠 안 자는 아이로 인해 어려움을 토로하는 정도는 다른 나라 엄마에 비해 낮다. 수면 습관뿐 아니라 여러 가지 다른 버릇으로 인한 고충도 덜 겪는 것으로 나타났다.

'일하는 엄마의 죄책감' 때문에 아이와 더 놀아주고, 사랑을 좀 더 주고 싶어 아이를 늦게까지 잠들지 않도록 하는 것은 결코 바람직하지 않다. 어떤 날은 아이와 밤까지 오랫동안 놀아주고 또 어떤 날은 일찍 좀 자라고 짜증을 낸다면 과연 누가 이상한 것인가. 정해진 규칙적 생활 패턴은 아이에게뿐 아니라 엄마에게도 좋다. 엄마에게 예측 가능한 휴식 시간을 제공할 수 있기 때문이다. 그래야 엄마도 아이도 더 행복해질 수 있다.

2-6
파파다흐는 아빠의 날

파파다흐(papadag)를 우리말로 번역하면 '아빠의 날'이다. 네덜란드 가정에서는 매주 한 번(사정에 따라 그 빈도수가 더 낮을 수도 있다)꼴로 파파다흐를 갖는데, 이날은 실상 '엄마를 위한 날'이다. 아이 양육에 애쓰는 엄마한테 휴식을 주기 위해 아빠가 일주일에 하루만큼은 아이와 시간을 보내는 날로 정한 것이다.

네덜란드의 거리를 걷다 보면 흔히 볼 수 있는 광경이면서 동시에, 우리에게 매우 생소한 광경이 있다. 평일 낮에 키가 훤칠한 금발의 아빠가 유모차를 끌고 가는 모습, 아이 손을 잡거나 함께 나란히 자전거를 타고 가는 모습이다. 한마디로, 주중에 엄마 없이 아빠와 아이가 동네를 다니는 그림 같은 장면이다. 그들은 대개 파파다흐를 즐기는 중이라고 볼 수 있다. 그날을 위해 아빠가 직장에 하루 휴가를 내는 것은 아니고, 주당 근무일 자체를 줄여 일한다.

파파다흐는 자발적으로 이뤄지는 날이다. 네덜란드의 젊은 아빠 절반 이상은 아이들과 파파다흐를 갖기 위해 주당 근무 시간을 줄일 계획이 있다는 조사 결과도 있다. 물론 직장 상사 및 경영자도 파파다흐를 실천하며 그 문화를 자연스레 받아들인다. 회사들은 잘 자리 잡은 파파다흐 문화를 기업 홍

보 포인트로 활용하고, 전문직이라 일컫는 변호사 사무실에서도 파파다흐는 선택이 아니라 필수일 때가 많다.

사실 다른 유럽 지역에서는 아빠가 근무 시간을 줄이고 아이와 함께 하는 시간을 늘리는 것이 보편적인 문화는 아니다. 북미 지역도 마찬가지다. 우리나라 역시 마음은 굴뚝같으나 일하는 시간까지 줄여가면서 아이와 시간을 보낼 여건은 안 된다. 좀 더 상황을 자세히 살펴보면, 안타깝게도 OECD 국가 중 우리나라는 연간 근무 시간이 멕시코에 이어 두 번째로 가장 길다. 반면 수면 시간은 우리나라가 가장 짧은 것으로 드러났다. 참고로, 일본만 하더라도 근무 시간이 OECD 평균보다 한참 아래다. 가히 한강의 기적, 전쟁 직후의 눈부신 발전을 일궈낸 나라답게 대단히 열심히 오랫동안 일한다. 그러니 파파다흐는커녕 아빠의 휴식 시간도 부족한 상황이다. 근무 시간도 벅찬 아빠들에게 가정 일에 더 적극적으로 참여하라는 얘기는 '아내의 대책 없는 투정 또는 가족의 헛된 바람'이 될 확률이 높다.

하지만 이제는 우리도 이런 생활 패턴을 바꿔야 할 때임에 분명하다. 네덜란드의 파파다흐가 일상화한 지는 10여 년 정도다. 그 전에는 다른 나라와 상황이 크게 다르지 않았다. 하지만 그들은 바꾸어냈다. 심지어 아이와 더 오랜 시간 그리고 파파다흐를 갖기 위해 소득이 좀 적더라도 직장을 옮기는 경우마저 종종 있다. 현재 우리나라에서는 도저히 일어나기 힘든 일이라고 생각하지만 말이다.

네덜란드에서는 유독 남녀평등 의식이 강한 데다 그들이 추구하는 '일과 삶의 균형', 곧 워라벨을 맞춰나가는 데 있어 파파다흐는 더없이 좋은 문화다. 일과 삶의 균형, 그로 인한 배우자 간의 만족감은 아이들에게도 전파

되고 결국은 온 가족을 행복하게 만든다. 그 어떤 유러피언에 비해 둘째가라면 서러워할 만큼 아이 양육에 적극적인 네덜란드 아빠들은 파파다흐에 적극적으로 참여한다. 파파다흐 덕분에 아빠들은 사랑하는 가족과 더 많은 시간을 보낼 수 있는 혜택을 누린다. 비록 파파다흐가 엄마를 위한 날이라고는 하지만 알고 보면 아빠들에게도 큰 행복의 시간이 된다. 그런 점에서 파파다흐는 '아빠들이 행복한 아빠의 날'이기도 하다.

우리에게도 파파다흐가 필요하다. '강제로'라도 남편이 육아 휴직을 하도록 장려한다는 뉴스를 종종 접할 때면 그것이 지금과 같은 직장 분위기에서 얼마나 실효성이 있을까 싶지만, 이 역시 점차 우리나라가 변화하고 있음을 보여주는 것이다. 희망을 가져본다.

2-7 네덜란드 여성의 행복지수가 1등인 이유

이 챕터에서는 온통 부러운 얘기를 늘어놓으려 한다. 네덜란드 여성이 세상에서 가장 행복한 이유는 바로 '일과 양육의 균형'이 가능하기 때문이다. 파트타임으로 일하는 것이 보편화된 네덜란드에서는 출산 후의 여성이 일하기에 더없이 편한 환경이다.

지금까지 이뤄진 여러 연구 결과에 따르면 네덜란드 여성의 행복지수는 늘 세계 5위 안에 랭크되어 있다. 그 이유 역시 '가정의 삶과 일의 양립'이 가능해서라고 밝혀졌다. 최근까지 68퍼센트의 네덜란드 여성이 파트타임으로 일하고 있으며, 대략 일주일에 25시간 정도 근무한다. 물론 이들은 풀타임 근무를 그다지 바라지 않는다. 〈뉴욕타임스〉 기사에서도 네덜란드 여성이 우울증에 걸리지 않는 이유는 적정량의 일을 하며 가정생활을 유지할 수 있기 때문이라고 보았다. 유럽 내에서도 이런 환경은 보편적인 것이 아니다.

그런데 주목할 점은 네덜란드 여성의 출산 휴가가 오히려 다른 유럽 나라보다 짧은 16주 정도라는 사실이다. 적어도 출산 4~6주 전에 휴가를 얻은 뒤 출산 후 10~12주 정도의 휴가를 갖는다. 불가리아나 그리스의 경우 50주 넘는 유급 출산 휴가를 주는 것과 상이하다. 네덜란드가 이런 휴가 시스템을 갖는 이유는 임신 8개월 이후까지 일을 하는 것이 건강에 좋지 않다는 연구 결과에 근거한다. 네덜란드에서는 임신한 여성이 적어도 출산 4주 전에는 무조건 휴가에 들어가도록 한다. 여성과 임산부의 건강을 법이 나서서 보호하는 것이다. 그리고 몸이 회복되는 기간을 일정 정도 가진 뒤에 곧바로 일터로 복귀해 경제 활동을 할 수 있도록 제도를 갖춰놓았다. 그럼에도 불구하고 정작 네덜란드 여성들은 너무 짧은 출산 후 휴가에 불만의 목소리가 없지 않다.

출산 직전까지 직장에서 근무하고도 아이를 낳고는 인사상의 불이익을 받을까봐 눈치 보며 몸도 추스르기 전에 복직해야 하는 우리나라와는 상황이 다르다. 우리는 출산 후 가능한 한 더 오래 쉬기 위해 출산 전에는 가급적 휴가를 미루기도 한다. 우리나라 여성 직장인들은 임신이 왠지 모르게 직장

내에서 폐를 끼치는 것 같다는 위축감 때문에 정작 축복받아야 할 일을 자랑하지도 못한다. 내 몸과 아이는 뒷전이며 기를 쓰고 열심히 일한다.

또 하나 부러운 얘기가 있다. 네덜란드의 부모 휴가 제도다. 한 직장에서 1년 이상 일한 부부 근로자라면 주당 근무 시간의 26배에 달하는 육아 휴가를 보장한다. 가령 부부가 일주일에 35시간 일했을 경우 아이가 8세 되기 전까지 35시간의 26배인 910시간(약 38일)의 무급 육아 휴가를 나눠 쓸 수 있다. 많은 경우, 근로자는 이 휴가를 한 번에 다 쓰기보다 주당 근무 시간을 1~2일 줄이거나 하루 근무 시간을 축소하는 방법으로 활용한다. 그럼으로써 일자리를 잃을 염려 없이 아이와 더 많은 시간을 보낼 수 있다. 네덜란드 여성들은 '일이냐 가정이냐' 양자택일을 하는 대신 이렇게 일과 가정 모두를 챙길 수 있다. 출산 후 여성의 일자리를 위협하지 않음과 동시에 비용 대비 효율적인 이러한 제도가 운영되고 있다.

아이를 낳고도 당당하게 일과 가정을 다 챙길 수 있는 네덜란드 여성이 부럽다. 사회경제적 배경이 같지 않기 때문에 우리도 당장 그러한 제도를 마련하기에는 당연히 무리일 것이다. 하지만 부러운 건 부러운 거다. 인구가 줄어들고 출산을 독려하는 목소리가 갈수록 높아지는 상황인데, 아이러니하게도 정작 출산 여성에 대한 지원이나 배려는 현실적이지 못하다. 한 달에 돈 12만 원을 준다고 출산 복지가 될 수 없다. 아이를 낳아 키우는 환경은 점점 힘들어지고 있다. 똑똑하고 능력 있는 재원들이 아이를 낳고 집에서만 있어야 하는 환경이다. 아이 낳는 것이 여성에게 경력 포기의 전 단계가 되어서는 안 된다. 네덜란드 사례처럼 국가가 임산부의 건강을 걱정하고, 그들의 경력을 유지하며, 가정과 아이와의 시간을 보장하는 시스템을 확립해야 한다. 대한민국 여성도 네덜란드 여성처럼 출산 후의 삶을 누릴 권리가 있음을 잊지 말아야 한다. 우리가 이런 사례를 들어가며 끊임없이 주장해야 한다. 그래야 사회가 바뀐다.

2-8 효율성 갑인 네덜란드 부모의 육아

유럽연합(EU) 국가 중에서도 네덜란드 사람들의 주당 평균 근무 시간은 아주 낮은 편이다. EU 평균이 37.5시간이고 네덜란드 평균이 30.6시간이니 대략 따져보면 다른 유럽 국가 사람보다 일주일에 하루를 덜 근무하는 셈이다. 그럼에도 불구하고 네덜란드는 매우 부강한 국가이고 삶의 질은 매우 높다. 게다가 EU 국가 중 생산성이 가장 높다. 참고로, 우리나라 주당 근무 시간은 근로기준법상 52시간이나 현실적으로는 그보다 훨씬 많다.

네덜란드 사람들은 이렇게 주장한다.

"네덜란드 근로자들은 효율적으로 일합니다. 게으르지 않지요."

실제로 네덜란드는 이른 아침부터 분주하다. 아침 7시쯤이면 카페의 문이 활짝 열리고, 동네마다 생기가 돌기 시작한다. 그들은 정말 새벽부터 출근을 한다. 탄력 근무제가 활성화되어 있어 아침 일찍 출근하고 오후에 퇴근하는 경우가 많다. 어떤 이들은 점심시간조차 아깝다며 근무를 계속한 뒤 한 시간 일찍 퇴근하기도 한다. 그러면서 아이를 픽업하고, 자신만의 취미와 레저 생활을 마음껏 즐긴다. 사정이 이렇다 보니 오후 3시쯤이면 도로에 퇴근하는 차량이나 자전거 행렬이 많다. 우리 같아도 그렇지 않겠나. 일찍 출근하는 만큼, 내가 일을 마친 만큼 일찍 퇴근할 수 있다면 아마 옆자리 동료와 말하는 시간조차, 혹은 커피 한 잔 마시는 시간조차 아까울 것이다. 일에 대한 집중력이 높아질 테고, 이는 곧 고효율로 이어질 수밖에 없다.

네덜란드 사람들은 남자건 여자건 일과 삶의 균형을 우선으로 여긴다. 그리고 일하기 위해 사는 것이 아니라 살기 위해 일한다는 신념을 갖고 있다. 그러다 보니 가능한 한 더 적게 일하고 더 많이 즐기기 위해 효율성과 생산성을 고려하지 않을 수 없다는 입장이다. 또 일찍 퇴근하는 사람들은 쇼핑도 하고 운동도 하고 카페나 식당에도 더 자주 가므로 사회경제적으로도 유익하다고 본다.

반면 우리는 사회 분위기가 다르다. 효율성 있게 일하고 제 시간에 일찍 퇴근하면 회사나 일에 애정이 없는 것으로 눈치 주는 분위기이고, 상사가 퇴근 안 했는데 덩달아 사무실에 앉아 있지 않으면 왠지 직장 생활이 어려워질지도 모른다는 압박이 조여온다. 구성원이 모두 효율성을 중시하고 일의 양보다 질을 더 높이 쳐줘야 일이 즐거울 텐데 이를 실천하지 못하는 안타까운 상황이다. 그러니 가정으로 돌아오면 심신이 힘들어 아무래도 여유가 적을 수밖에 없다.

아쉽게도, 우리나라 여성은 파트타임으로 일하기 어렵고 눈치 안 보고 '칼 퇴근'하는 것도 쉽지 않다. 아이 때문에 정시 퇴근하면 오히려 더 눈에 띄고 입방아에 오른다. 아이를 보러 집으로 가는 게 무슨 잘못인 양 당당하지 못하다. 다행히 이와 같은 직장 분위기가 조금씩 바뀌고 있으니 점점 나아질 거라 기대해본다. 다만, 이 바쁜 삶 속에서 네덜란드 사람들이 중시하는 '효율성'을 염두에 두고 생활하면 좋을 것 같다. 비단 직장에서뿐 아니라 집에서도 아이들과 짧지만 의미 있는 시간을 효율적으로 가질 수 있도록 노력해야겠다. 물론 세상의 모든 엄마들은 집안일을 하면서 아이 돌보는 일을 효율적으로 하는 데 이미 선수다. 지친 삶 속에서 시간을 내는 것이 힘든 만큼 어찌 됐건 '효율적'으로 그 시간을 보내는 데에 더 집중하며 그 시기를 버텨야 하지 않을까. 아이와 한 시간을 함께 있더라도 그것이 세 시간, 다섯 시간의 효과를 낼 수 있도록 집중하고 또 집중하자.

2-9
좀 더 완벽한 사람으로 키우는 양육 철학

'자유'와 '독립심'은 네덜란드 엄마들이 가장 중요하게 여기는 양육 철학이다. 그들의 양육관은 열이면 열 '자유'와 '독립심'이다. "Letting go!" 아이들을 그냥 놔두는 네덜란드식 양육 태도다. 그들은 아이들이 어릴 때부터 자유를 부여한다. 간혹 그 자유와 독립이 너무 지나쳐 되레 위험할 지경이 아닌가 싶을 정도다.

가령 놀이터에서 아이들이 놀더라도 네덜란드 엄마들은 아이한테 눈을 떼지 않고 집중하는 일이 없다. 그러다 아이가 다른 곳으로 가버리면 물론 엄마니까 화들짝 놀라 아이를 황급히 찾는다. 그렇게 찾아 다시 데려다놓고는 아이에게 놀이터 밖으로 나가지 말라고 주의를 준 뒤 이전으로 돌아가 하던 일을 한다. 그리고 여전히 아이의 행동거지를 하나하나 살피며 아이가 행여 없어질까 예의 주시하지 않는다.

아마도 세상 모든 엄마는 아이들이 독립적이고 자존감 강하며 스스로 결정할 수 있는 아이로 성장하길 바랄 것이다. 그럼에도 불구하고 어릴 때부터 정말 "스스로 알아서 독립적으로 해!" 이렇게 말하지는 않는다. 그러나 네덜란드 엄마들은 그런다.

그들의 이런 양육 태도는 아이가 커가는 동안 당연히 유지된다. 안달하고 걱정하며 아이의 행동 하나하나까지 간섭하고 참견하는 일은 없다. 심지어 공부가 하기 싫다며 안 해도 내버려둔다. 아이가 다소 실수를 저지르더라도, 비록 그럴 것이 뻔히 눈에 보이더라도 일단 한발 뒤로 물러서서 지켜본다. 아이가 스스로 깨닫고 방법을 찾아갈 수 있도록 말이다. 그리고 아이가 뭔가 명백하게 잘못했을 때, 가장 심하게 혼내는 방법은 무섭게 노려보는 것, 이른바 '더치 스테어(dutch stare)' 정도로 끝난다.

네덜란드 엄마들이 아이에게 부여하는 자유와 독립심을 우리도 줄 수 있을까. 어려울 것이다. 네덜란드는 우리나라보다 훨씬 안전하고, 공부에 대한 부담도 훨씬 덜하고, 우리만큼 경쟁 사회가 아니기 때문이다.

네덜란드 부모의 이런 양육 태도에 불만을 표출하는 외국인들도 있다.

네덜란드 부모는 아이가 시끄럽게 떠들거나 뛰어다니며 행여 다른 사람한테 좀 피해를 주는 행동을 하더라도 'Letting go' 태도를 고수할 때가 많다. '자유'와 '독립심'을 강조한 나머지 버릇없는 말대답을 하고 어른들 얘기에 멋대로 끼어들 때도 자녀를 특별히 더 제지하지 않는 편이다. 심지어는 자기 의견을 잘 표현했다며 격려할 때도 있다. 유교적 사고방식이 은연중 남아 있는 한국인의 눈으로 볼 때는 이해 안 되는 장면이다.

아이에게 자유와 독립심을 심어주는 측면에서, 어느 정도가 적정선인지는 단언하기 어렵다. 각 나라마다 환경과 문화가 다르기 때문이다. 하지만 아이가 독립적이면서도 스스로 무엇이든 잘하는 성인으로 성장하기 위해서는 무엇보다 엄마의 양육 태도가 매우 중요하다는 사실만은 부인할 수 없다.

네덜란드 엄마들의 'Letting go' 태도와 반대되는 것으로 '헬리콥터 맘'이 있다. 경쟁 사회인 미국은 물론 우리나라에서도 헬리콥터 맘이 대세다. 자유와 독립심은커녕 대학생 자녀 수강 신청에까지 관여한다는 소리가 들려온다. 이렇게 다 해주면 당장 보기엔 효율적이고 빠른 길로 가는 것 같지만, 언제까지 자녀의 자유를 '효율성'이라는 미명 아래 가둬놓을 수 있을지 심각하게 고려해야 한다. 그만큼 자녀의 사회 적응력은 수직 하강할 게 불 보듯 뻔하다.

그렇더라도 좋은 대학을 나와 좋은 직장에 취직하면 그만이라고 생각한다면 정말 큰 착각이다. 그 어떤 사회, 커뮤니티에 속하더라도 인간은 다른 사람들과 더불어 살아가야 한다. 그 안에서 스스로의 경쟁력과 사회성을 잘 발휘할 때 더 큰 성공으로 향한다. 자립심과 자율 의지가 충분하지 않으면 '그저 그런 평범한 수준'에 머물러 있을 공산이 크다. 비록 '좋은 직장(그게 무엇인지조차 상당히 주관적이지만 말이다)'에 들어가더라도 다른 사람들의 성공을 바라보며 더 이상 무엇을 해야 할지 몰라 자괴감에 빠질 위험이 분명히 있다.

엄마는 아이에게 스스로 탐구하고 스스로 배워나갈 공간을 일찌감치 부여해야 한다. 자기가 무엇을 잘할 수 있는지 스스로 찾아낼 기회를 줘야 한다. 아이 스스로 이런 탐색을 하고 자신을 돌아볼 기회를 오히려 앗아버리고 있지는 않은지 잘 돌아봐야 한다.

2-10
진정한 고수 엄마는 경쟁하지 않는다

서열은 다른 사람과의 비교를 통해 매겨진다. 네덜란드 엄마들의 특징 중 하나는 자기 아이를 서열화 경쟁 속에 넣지 않는 것이다. 반면 우리나라에서는 아이가 태어난 직후부터 다른 아이와 비교하기 시작한다. 얼마나 빨리 앉는지, 기는지, 걷는지, 말하는지부터 경쟁이 시작된다. 한두 달 늦다 싶으면 마치 무슨 문제라도 있을까봐 마음을 졸인다. 이렇게 늘 자기 아이가 비교 우위에 서도록 어릴 때부터 신경 쓰는 것은 경쟁 사회에서 일반적이다.

하지만 네덜란드 엄마들은 남과 경쟁하기보다 아이의 능력 속에서 아이가 가장 잘하는 것이 무엇인지를 찾는다. 그리고 잘하는 것에 집중할 수 있도록 격려한다. 우리나라에서 이런 양육관을 고수하기란 절대로 쉬운 일이 아님을 아이 키워본 엄마라면 잘 알 것이다.

이와 관련한 네덜란드 엄마들의 조언은 이렇다.

"남이 어떤 생각을 하고 무슨 얘기를 할지 걱정하지 마세요. 스스로의 모습을 지키고 자부심을 가지세요."

미국 학교의 수업 시간에 선생님이 아이들을 호명해 성적을 하나하나 불러주는 것을 보고 깜짝 놀란 한 네덜란드 엄마가 선생님한테 이렇게 말했다고 한다.

"난 아이의 점수 따위엔 관심 없어요. 아이가 수업을 들으면서 행복했는지 궁금할 뿐이지요. 아이가 수업 중에 행복했다면 분명히 많은 것을 배울 수 있었을 테니까요."

지나친 유토피아적 발상 같으나 지극히 현실적이기도 하다.

돌이켜보면 우리도 어릴 때 학교에서 누구는 일등이고 누구누구는 몇 점이라는 선생님의 얘기를 들었던 기억이 있다. 오로지 결과와 서열이 중요했다. 우리는 그렇게 학교 교실에서부터 세상의 서열화를 배운 셈이다.

아이는 아이 나름대로 성장 속도가 있고, 하나하나 매우 특별한 존재다. 그런데 이 아이를 세상이 정해놓은 일정한 잣대에 일부러 끼워 맞출 이유가 없음을 네덜란드 엄마들은 알고 있는 것이다. 내 아이 중심으로 세상을 보면 엄마들은 오히려 편안하다.

"남들은 다 저런데 내 아이는 왜 이렇지?"가 아니라 "내 아이는 이런데 저런 아이도 있구나" 이렇게 바뀌어야 한다. 엄마들은 스스로의 주관을 꼭 갖고 있어야 하며, 그것을 절대로 잊어버려선 안 된다. 더구나 앞으로의 세상에서는 아이와 부모의 개성이 잘 어우러져 특별한 나의 아이로 성장해나가는 것이 무엇보다 중요하다.

"처음엔 다 그렇게 생각하지. 하지만 아이가 막상 초등학교 고학년이 되면 생각이 달라질걸. 어쩔 수 없는 거야."

한국 엄마들이 가장 많이 듣는 말이지 싶다. 과연 예외는 없을까. 나만의 양육 철학을 고수하면 내 아이가 정말 불행해질까. 그 판단은 엄마의 몫이다.

2-11 지나친 관심과 자극은 오히려 위험하다

아이가 태어나면 그때부터 엄마들은 마음이 급해진다. 누구보다도 내 아이를 멋지고 훌륭하게, 좀 더 구체적으로 말하면 똑똑하고, 감수성 풍부하고, 공감 능력 높고, 논리적인 사람으로 만들고 싶어서다. 이성적으로 생각해보자. 이 모든 특성을 다 골고루 겸비한 사람을 본 적이 있는가. 여하튼 이런 엄마들의 마음을 누구보다도 잘 알고 있는 듯 아이와 유아를 위한 다양한 놀이 프로그램, 기구, 교재, 교구가 많다. 우리나라 아이들은 태어나면서부터 바빠진다. 뇌를 자극하고 오감을 월등하게 발전시키기 위한 온갖 훈련을 받는다. 그러나 아이가 행여 너무 지나친 자극을 받고 있는 것은 아닌가 하는 우려를 한 번쯤은 해보았는가.

네덜란드 엄마들은 우리와 반대다. 가능한 한 조용한 휴식을 아이에게 선사하려고 애쓴다. 네덜란드 엄마들은 그런 환경이 아이의 웰빙을 향상시킨다고 믿으며, 궁극적으로 아이의 원만한 성품을 형성해준다고 생각한다. 아이가 될 수 있는 한 많이 쉬고 잠을 많이 자야 한다고 보는 것이다. 자극은 부모와 함께 웃고 놀고 기어 다니고 뛰며 박수치는 정도로 충분하다고 여긴다.

"아기는 아기처럼, 아이는 아이처럼." 네덜란드 엄마들이 마음에 새기고 있는 문구다. 아기나 아이한테 보편적으로 기대할 수 있는 어떤 역량보다 더 능숙한 행동을 자극하지 않는다. 자연스럽게 발달할 것을 기대하며 편안하고 안락한 환경을 만들어주는 데 더 집중할 뿐이다.

자녀를 양육하는 것은 마라톤과 같은 긴 여정이다. 불과 몇 살짜리 아이가 특별한 두각을 보인다 해서 그것이 평생 이어지거나 대단히 훌륭한 삶을 이끌어낼 원동력이 되는 것도 아니다. 아이의 재능을 잘 발견해 뒷받침하는 것은 당연히 부모의 몫이다. 하지만 지나칠 정도의 자극이 가져올 폐해는 굳이 말 안 해도 알 것이다. 이는 엄마의 정신적 웰빙에도 영향을 준다. 아이와 하루 종일 같이 있으면서 아이한테 뭔가 좋은 영향을 전달하기 위해 끊임없이 신경 쓰는 것도 약간의 스트레스다.

아이에게도 휴식이 필요하고, 엄마에게도 아이를 좀 내려놓는 휴식이 필요하다. 마음 놓고 아이를 자게 하고 쉬게 해야 한다. 어릴 적에는 온갖 자극을 준답시고 지나친 관심을 보이다가 정작 아이가 커서 엄마와 대화를 원할 때, 요컨대 정말 사회적인 자극을 원할 때는 이미 지쳐버려서 제대로 자극도 주지 못하는 오류를 범해서는 안 된다. 아이가 어릴 때에는 앞으로 커가면서 수년간에 걸쳐 내 아이한테 듬뿍 전해줄 관심과 에너지를 저장해두도록 하자.

2-12 왜 엄마만 무한 희생을 하나요

"아이랑 함께 시간을 충분히 보내지 못해서 늘 죄책감을 느껴요."

"모유 수유를 더 오래 못했기 때문에 아이한테 미안해요."

일하는 엄마들은 물론 전업주부인 엄마들도 심심찮게 하는 얘기다. 아이를 낳고 정성껏 키우는 엄마들이 이런 얘기까지 할 필요는 없는데도 불구하고, 아이에 대한 사랑이 되레 자책으로 이어지는 경우다.

네덜란드 엄마들은 대개 출산 후 3개월 이내에 직장에 복귀한다. 그들은 오히려 6개월 이상씩 육아 휴직을 사용하는 엄마들을 보면 무척 놀라워한다.

"남편과 상의한 일인가요? 무급으로 그렇게 오랫동안 직장을 쉬면 경제적으로 어렵지는 않은지 궁금하네요."

그들의 얘기를 들어보면, 네덜란드 엄마들이 일터로 바로 복귀하는 이유가 좀 더 명확해진다. 지극히 실리적이고 직접적인 이유다. 경제적인 여건 때문에 그들은 죄책감 없이 아이와 떨어져 지낸다. 그렇게 돈을 버는 게 궁극적으로는 아이와 가정을 위한 것이라고 믿기 때문이다. 게다가 출산 후에는 얼마든지 파트타임으로 일할 수 있는 환경이라 일을 하지 않고 아이와 내내 함께 있는 것을 '아이에 대한 헌신과 사랑'이라고 여기지 않는 분위기다.

물론 우리나라와는 상황이 전혀 다르다. 출산 후 직장에 복귀하고 싶어도 아이를 맘 편히 맡길 곳이 마땅치 않거니와 맡길 곳이 있어도 직장 생활이 그렇게 녹록지는 않다. 우리나라의 사회 구조상 출산한 여성들은 '아이냐, 직장이냐'를 선택해야 할 확률이 훨씬 더 높다.

네덜란드 여성들의 모유 수유에 대한 인식은 한마디로 '자연스러움'이라고 정리된다. 모유 수유가 아이에게는 좋지만 그게 꼭 천편일률적으로 모든 아이와 여성에게 들어맞지는 않는다는 것을 너무도 명확하게 인식하고 있다.

네덜란드 산부인과 의사와 조산사는 산모의 건강 상태, 정신 상태, 가정 환경, 직장 생활, 수면 패턴, 남편의 지원 등 발생할 수 있는 모든 이유를 고려해 모유 수유 여부를 결정하도록 권장한다. 그들은 모유가 혹 잘 안 나오더라도, 아니면 사정상 모유 수유를 지속할 수 없더라도 스스로 자책하는 마음은 갖지 않는다. 벌어지는 상황을 그저 자연스럽게 받아들인다. 네덜란드 사람들이 갖는 절대적인 생각은 이렇다.

"건강하고 행복한 엄마가 되는 것이 아이가 무엇을 먹느냐보다 더 중요합니다."

"산모 우선. 그리고 양육 과정에서 죄책감 갖지 마세요."

아이를 위해 엄마의 무한 희생을 요구하는 분위기는 없다. 산모가 자기를 돌보기에 앞서 혹은 자기 몸 망가져가면서까지 아이를 케어한다고 해서 대단한 모정이라고 칭찬하는 목소리도 없다. 그들의 생각은 단순하다. 너무 많은 것을 생각하며 답도 안 나오는 고민을 하는 대신, 현실적으로 판단하고 거기에 대처한다. 그럼에도 네덜란드 엄마들의 아이 사랑은 여느 엄마들과 같이 크고 위대하다.

아이를 낳고 키우기 힘든 우리나라에서 모든 산모는 큰 박수갈채를 받아 마땅하다. 아이 낳고 일을 한다고 해서 죄책감 가질 이유 없고, 남들은 오래하는 모유 수유를 못했다고 해서 미안한 마음 가질 것도 없다. 하지만 '일하면서 아이에 대한 죄책감'을 갖는 것은 일하고 싶어도 그럴 수 없는 엄마들의 관점에서 '사치스러운 불평'일 수 있다. 또 일을 하지 않으면 먹고사는데 적지 않은 곤란을 겪어야 하는 엄마들의 관점에서는 '쓰라린 현실'일 수 있다. 모유 수유 역시 맘을 느긋하게 먹고 싶지만 분유 알레르기가 있거나, 주변의 따가운 눈총을 감수하기 힘든 상황이라면 아무리 노력해도 편안해질 수 없다. 이게 우리나라 엄마들의 현실이다.

그럴수록 엄마들이 당당하고 여유로웠으면 좋겠다. 엄마가 행복하고 편안하고 건강해야 내 아이가 행복하고 건강하게 자랄 수 있음을 매일매일 되새기면서 위대한 임무를 완수한 엄마로서 우쭐함을 당당히 느껴보자.

2-13
느림의 미학이 안내하는 지름길

네덜란드에서는 모든 것이 느리다. 행정적인 절차를 밟으려 하면 일단 3주가 기본이다. 시간이 좀 걸리는 일이다 하면 3개월은 족히 소요된다. 무엇을 신청해놓고 3주 동안은 느긋하게 기다려야 하는데, 참지 못하고 득달같이 쫓아가서 왜 일이 늦어지냐 물어봐도 돌아오는 답은 뻔하다.

"아직 더 기다려보세요. 적어도 3주 동안은 말이죠."

빨리빨리 문화에 익숙한 나로서는 네덜란드에서 첫 3개월이 정말로 힘들었다. 낯선 나라에서 안 그래도 불안정한 마당에 행정 절차까지 느리니 뭐 하나 제대로 갖춰진 게 없었기 때문이다.

외국에 가면 보통 그렇듯 헤이그에 도착해서 우리가 가장 먼저 한 일은 각종 신분증 만들기, 인터넷 및 케이블 신청 등이었다. 또 아이 셋을 포함해 우리 가족이 타고 다닐 밴도 하나 새로 구입해야 했다. 지금까지 한국의 투철한 서비스 정신과 신속한 업무 수행이 얼마나 탁월한지 모르는 바 아니었으나 역시 외국에 나가면 그 서비스의 훌륭함이 가히 금메달 수준임을 절감하게 된다.

한국에서 선박으로 보낸 자동차가 도착한 뒤, 네덜란드 번호판을 다는 데에만 6주쯤 걸렸다. 게다가 행정 담당 직원들의 말도 일관되지 않은 경우가 종종 있다. 이 사람은 된다고 해서 다음에 약속을 잡아놓고 가서 막상 다른 직원을 만나면 컴퓨터에 입력이 안 되어 있다거나 뭔가 착오가 생겼거나 필요한 서류나 절차를 알려주지 않아 결국 헛걸음이 될 때도 있다. 속에서 부글부글 끓는 울분을 참으며 다시 방문해야 한다. 네덜란드에서 필요한 신분증을 신청하고 3주 가까이 기다린 후 이제 곧 받아보겠거니 했는데, 사진을 다시 찍어 제출해야 한다는 얘기를 듣고 어찌나 약이 올랐던지 모른다. 진작 처음부터 말을 해줬으면 그 아까운 3주를 허비하지 않았을 텐데 말이다. 그렇게 사진을 새로 제출하고 또다시 한 달을 기다려서 신분증을 받은 기억이 있다. 주문한 차는 장인(匠人)이 한 땀 한 땀 정성 들여 만들었는지, 딱 넉 달 걸려 비로소 운전대를 잡을 수 있었다.

모든 것이 신속한 한국과는 달라도 참 달랐고, 인내의 시간이었다. 네덜란드에서 처음 정착하기까지 모든 것이 너무나 느렸다. 주변에서 네덜란드 삶에 잘 적응하느냐고 물어볼 때마다 행정이나 서비스가 느려서 힘들다고 투덜댔는데, 사람들은 그때마다 웃으면서 공감해줬다.

하지만 모든 것이 정착되고 나면 네덜란드 사람들의 그 느긋함이 오히려 여유로움의 한 단면으로 느껴진다. 물론 지루한 행정 업무에 의존해서 무언가를 발급받을 필요가 사라진 뒤라 그럴지도 모르겠다. 그러나 서두르지 않는 이 사람들의 사는 방식이 조금은 불편해도 그러한 느림이 오히려 모두의 삶을 더 편하게 만들어주고 있음을 깨달았다.

네덜란드 도로에서는 빨리 가라고 뒤차가 앞차를 향해 울려대는 클랙슨 소리를 단 한 번도 듣지 못했다. 차량이 다니는 도로는 언제나 조용하고, 차선을 바꾸려 깜빡이를 켜는 순간 뒤차는 영락없이 길을 비켜준다. 운전할 때 얼마나 마음이 편한지 모른다. 다들 서둘지 않고 느린 삶을 살기 때문에 가능한 것이다. 길을 건너려는 사람이 있으면 저 멀리 오던 차는 물론이고 바로 앞을 지나가던 차도 멈춘다. 나도 한 번은 길을 건너야 하는 순간이 있었는데, 버스가 막 출발하려 하기에 멈춰 섰더니 버스 기사가 맘 놓고 건너라고 손짓을 해주었다. 심지어 트램도 멈추어 서서 사람들이 지나가길 기다린다. 이러한 것들에 감동받았다.

아이를 양육하는 데도 물론 이 느림의 미학이 적용된다. 네덜란드 엄마들은 자녀에게 당장 눈에 보이는 성과를 기대하지 않는다. 음악을 배우거나 운동을 할 때도 남들보다 더 잘하는지에 대해서는 아예 관심을 두지 않는다. 공부를 포함해 그 어떤 일에서든 더디더라도 자녀가 과연 그 일에 흥미를 갖고 있는지 살피고, 무엇에 흥미가 있는지 살피는 데 더 촉각을 세운다. 좀 시간이 걸리더라도 내 자녀가 흥미 있어 하는 분야를 인내하며 찾아준다. 어떤 일이든 흥미가 있어야 성취감을 가질 수 있고 효율성도 높아지며 궁극적으로 행복한 어른으로 성장할 수 있음을 알기 때문이다.

어느 주말, 한 가족이 자전거를 타고 천천히 도로를 지나가는데 평온하고 여유로워 보이는 그들의 표정이 너무나 큰 자극으로 다가왔다. 문득 주변을 돌아보니 할머니도, 아이도, 아저씨도, 아주머니도 모두 평온한 표정으로 거리를 지나고 있는 것 아닌가. 아무도 바빠 보이지 않고, 분주하게 서두는 모습은 어디에도 없었다.

그런데 우리는 왜 늘 시간이 없고 바쁠까. 특히 아이를 양육할 때 왜 엄마들은 늘 마음이 다급하고 시간이 없다고 느낄까. 방학이 되면 다음 학년, 심지어 그다음 학년 진도까지 전부 다 선행을 시키고서도 불안하다. 한국에서 아이를 키우는 엄마라면 조금이라도 더 빨리, 그리고 더 많이 내 아이에게 배움을 가득 쏟아붓고 싶은 심정을 이해할 것이다.

하지만 아이가 커가는 과정에서 엄마가 너무 서두르면 아이의 진정한 면모를 놓칠 가능성이 크다. 때로는 느긋하게 아이의 성장을 기다려주고, 아이가 좋아하는 것을 찾도록 내버려두는 여유가 필요하다. 현실이 그렇게 한가하지 못하다고 말하는 건 엄마의 자유다. 그러나 '빨리빨리' 양육은 내 아이한테 딱 맞는 행복하고 성공적인 길을 미처 못 보고 지나치는 실수를 초래할 수 있다. 네덜란드 엄마들처럼 느긋한 여유를 가져보자. 어느 순간 고속도로처럼 빠른 속도로 문제가 해결되고 아이 스스로 전진할 게 분명하다.

네덜란드식 심플한 주방:
엄마의 요리는 부담이 없다

The Power of
Dutch Mother

3-1

요리의 노고는 down, 효율과 맛은 up

유럽 사람들의 집밥은 과연 어떨까. 네덜란드에 살면서 궁금증과 함께 은근히 기대도 컸다. 그도 그럴 것이 우리가 유럽 음식이라고 하면 떠올리는 가장 흔한 장르가 바로 '프렌치 요리'다. 고급스럽고 화려하고 맛도 일품인 프렌치 요리, 그리고 전 세계 사람들에게 사랑받는 이탈리아 요리도 빼놓을 수 없다. 이탈리아의 '파스타' 요리는 그 종류만 해도 수십 가지에 이르며 다양한 모양의 면 이름을 일일이 외우기도 힘들 정도다.

벼르고 별러 유럽 여행을 가면 낭만적인 카페와 멋진 레스토랑에 앉아 음식을 먹곤 하는데, 네덜란드의 요리 문화에는 얼마나 또 고유한 멋이 있을지 내심 기대가 컸다.

그러나 우리에게 알려진 네덜란드 요리는 없다. 그나마 치즈에 관심 있는 사람이라면 고소한 고다치즈(Gauda Kaas)의 원산지가 네덜란드라는 것 정도만 알고 있을 뿐이다. 네덜란드로 떠나기 전 인터넷 검색을 마구 해봤지만 딱히 근사해 보이는 요리를 발견할 수 없었다.

도대체 왜 그럴까. 하다못해 독일에는 소시지와 맥주가 유명하고, 벨기에에는 홍합찜이 유명하다. 반면 네덜란드 음식에 대해서는 그다지 정보가 없어 슬슬 불안하기까지 했다.

과연 유러피언 엄마는 아이들에게 어떤 요리를 해줄까. 프랑스에 바게트 빵이 있다면 네덜란드에는 어떤 빵이 유명할까. 매일매일 로맨틱한 유러피언의 테이블에서 식사하는 아이들은 이미 어릴 때부터 포크와 나이프를 아주 세련되게 잘 다루겠지. 이런 상상의 나래를 혼자 펼쳤다.

막상 네덜란드에 도착해서 그들의 삶을 들여다보니 내 예상과는 정반대였다. 네덜란드 엄마들은 자녀의 식사 준비에 신경을 덜 쓴다. 아니, 거의 안 쓴다고 하는 게 어쩌면 더 맞을지 모르겠다. 그들의 식탁은 매우 단출할 뿐 아니라 이른바 '따뜻한 음식'은 하루 한 끼 정도 먹으면 충분하다고 생각한다. 네덜란드 마트에 가면 반(半)조리 음식, 이미 다 씻고 다듬어놓은 채소, 어마어마한 종류의 식사용 빵이 즐비하다. 엄마들은 장을 본 뒤 집에 와서 그것들을 '데우기'만 하면 요리는 끝이다. 특별히 맛있을 것도 없고 그냥 간편하고 깔끔한 요리다.

단적으로, 네덜란드 가정의 냉장고는 매우 작다. 음식을 쌓아두고 먹거나 식재료를 잔뜩 넣어둘 만한 공간이 없다. 냉동실 역시 매우 작아 음식을 얼려서 두고두고 꺼내 먹을 수 없는 구조다.

이쯤 되면 눈치챘겠지만 네덜란드 엄마들은 요리에 큰 시간을 들이지 않는다. 밥을 해 먹는 데 따르는 스트레스가 아주 적다. 매일매일 자녀에게 뭘 먹일지, 무슨 요리를 어떻게 할지에 대한 고민이 미미하다. 잘 손질된 채소를 다양한 방식으로 데우고, 생선이나 고기를 굽는다. 아니면 반(半)조리된 라자냐(lasagna) 혹은 파스타나 피자를 오븐에 데워 먹는다.

조금은 실망스러웠지만 네덜란드의 식탁은 예쁘고 화려한 유럽의 식탁이 아니었다.

그런데 그만큼 엄마들의 수고는 가벼웠다. 네덜란드 엄마들은 아침으로 빵에 버터나 잼을 발라서 우유나 주스를 곁들인다. 점심을 싸주는 경우에는 빵에 햄과 치즈를 끼워 넣은 샌드위치를 도시락 박스에 넣는다. 만드는 데 10분이고 설거지감도 거의 안 나온다.

만약 우리나라에서 엄마가 자녀에게 이런 밥을 매일 준다면? 자녀의 건강은 안중에도 없고 요리하기 싫어서 아무거나 먹이는 성의 없고 게으른 엄마쯤으로 낙인찍히려나. 하지만 아이 낳고 살림하다 보면 자녀에게 아침 점심 저녁 진수성찬 정성 가득 한상 차린다는 게 불가능하다는 것을 해본 사람들은 안다. 현실과 이상이 다르니 엄마들은 또 고민과 스트레스를 받을 수밖에 없는 상황이다.

네덜란드 엄마들의 가사에서 요리가 차지하는 비중은 높지 않다. 전업주부건 파트타임으로 일을 하고 돌아온 엄마건 되도록 간편하게 음식을 준비한 뒤 앉아서는 가족과 두런두런 얘기를 나누며 저녁 식사를 '함께'한다. 음식에는 품이 좀 덜 들어갔지만 밥상머리 교육은 더 철저하게 할 수 있다. 밥하느라 진을 빼지 않기 때문에 가족과 식사를 하며 충분한 대화를 나눈다. 자녀들은 음식 준비하는 엄마의 뒷모습을 바라보는 것이 아니라 음식을 앞에 두고 마주 앉은 엄마와 눈을 마주치며 소통한다. 네덜란드 엄마들은 음식 차리는 데 시간을 덜 들이는 대신 자녀와 더 많이 눈을 맞추고 더 자주 깊은 대화를 나누는 데 비중을 둔다.

우리가 정성 들여 힘들게 밥을 차려놓으면 아이는 식탁에 앉아 이것저것 맘에 드는 음식을 집어 먹는다. 그 모습이 얼마나 예쁜지, 엄마는 이것저것 먹어보라 권하느라 미처 다른 얘기를 건넬 겨를이 없다. '보기만 해도 예쁜 자식'을 정말 보기만 하는 것이다.

반대로 기껏 힘들게 차려놓은 음식을 두고 반찬 투정하는 아이를 보며 욱하고 화가 치밀어오를 때도 있다. 그래서 한두 마디 잔소리를 하다 보면 식사 시간이 후다닥 지나고, 아이는 벌떡 일어나 자기 공간으로 향한다. 식사 시간이 그렇게 허무하게 끝나버린다. 엄마는 그릇과 남은 음식물 찌꺼기를 치우는 데 또 한참 땀을 흘려야 한다. 지저분해진 식탁을 치우는 동안 문득 이런 생각을 한 번쯤 해봤을 것이다.

'나는 도대체 지금 뭘 하고 있는가. 내 삶은 왜 이렇게 볼품이 없나.'

우리네 엄마들은 이렇게 훌륭한 음식을 만들어 아이에게 제공하는 데 더 비중을 둔다. 얼마나 영양가 있는 음식을 골고루 섭취할 수 있는가에 집중한다.

한국 엄마의 방식이 틀린 것은 결코 아니다. 그렇지만 네덜란드 엄마들의 방식도 조금 적용해보면 어떨까. 네덜란드 엄마들 역시 아이에게 맛있고 몸에 좋은 음식을 제공하는 데 신경을 쓰지만, 요리하는 데 들어가는 품은 최대한 줄이고 효율성을 따진다. 임금님 밥상처럼 다채롭게 차리지 않더라도, 비싼 유기농 재료를 사용하지 않더라도, 매일매일 다른 메뉴를 제공하지 않더라도 아이들은 잘 큰다. 엄마의 사랑이 듬뿍 담긴 음식이라면 그것으로 충분하다. 대신 식탁에서 아이와 대화하고 공감하는 데 좀 더 품을 들여보자.

3-2
아이들을 위한 네덜란드 보양식

요리 문화가 발달하지 않은 네덜란드에서도 엄마들은 자녀를 위해 영양가 있는 음식을 먹인다. 맛은? 그건 개인 취향에 따라 평가가 갈리겠지만 나는 네덜란드 음식이 싫지 않다. 다른 유럽 국가처럼 화려하고 섬세하지는 않지만 네덜란드 특유의 투박하면서도 심플한, 그러나 영양가 풍부한 요리가 네덜란드풍이다.

겨울이 길고 긴 네덜란드에서는 에르텐수프(erwten soep)가 인기다. 완두콩이 주재료이고 거기에 당근, 양파, 감자, 소시지, 고기 등을 넣은 걸쭉하고도 영양가 있는 초록빛 수프다. 몇 숟가락만 떠먹어도 이내 포만감이 차오르는 에르텐수프는 아이들의 보양식이기도 하다. 내 아들도 에르텐수프를 가끔 찾곤 했다.

물론 네덜란드에는 끓이기만 하면 되는 반조리식품이 여러 브랜드에서 나오기 때문에 굳이 모든 재료를 준비해 만들지 않아도 된다. 마트에 가면 훌륭하고도 제대로 된 에르텐수프를 만날 수 있다.

에르텐수프 못지않게 속 든든한 요리는 바로 스탐폿(stamppot)이다. 당근, 양배추 등의 채소를 함께 삶고 으깬 감자 위에 미트볼, 소시지, 베이컨 등을 올린 다음 소스를 끼얹어 먹는 요리다. 에르텐수프와 스탐폿은 전형적인 네덜란드 스타일의 거칠고 소박한 비주얼을 보여준다. 한입만 먹어도 영양가가 가득해 아이들의 보양식으로 인기다. 채소가 많이 들어 있어 식이섬유, 비타민, 무기질 등 꼭 필요한 영양소를 아이가 한 번에 간편하게 섭취할 수 있다는 장점도 있다.

그 밖에 별미로 즐기는 맛난 간식들이 있다. 무엇보다도 네덜란드의 대표 해산물 하링(herring)을 빼놓을 수 없다. 네덜란드 사람들은 외국인을 만나면 "하링을 먹어봤나요?" 하고 묻는다.

하링은 청어의 가시를 발라서 소금과 양파 간을 해 날로 먹는 이른바 '국민 간식'다. 하링을 먹는 가장 보편적인 방법은 핫도그 빵에 끼우거나 그냥 손으로 잡고 한입 베어 먹는 것이다. 국민 간식이라는 명성답게 네덜란드 곳곳에 하링을 파는 매장을 쉽게 찾을 수 있다. 하링은 복잡한 요리가 아니기 때문에 대부분 간이 매장에서 판다. 하링 매장 앞에는 언제나 사람들이 줄을 서 있다.

처음엔 생선을 통째로 날로 먹는다는 생각만으로 비릿했다. 하지만 난생처음 먹어본 하링은 전혀 비리지 않고 오히려 고소했다. 양파의 맛과 어우러져 상큼하기까지 했다. 내 아이들도 하링을 매우 좋아했다. 하링은 아이들에게 영양 만점의 간식임에 틀림없다.

영국에만 피시앤드칩스(fish and chips)가 있는 게 아니다. 네덜란드에도 튀김옷을 입혀 대구를 튀겨낸 뒤 마요네즈 소스와 프랜치 프라이를 함께 제공하는 그들 방식의 피시앤드칩스, 키벨링(kibbeling)이 매우 대중적이다. 길거리에서 파는 키벨링은 가격도 3유로 내외로 비싸지 않다. 축제가 있을 때면 어김없이 등장하는 메뉴가 키벨링인데, 아이 어른 할 것 없이 한 끼 식사로 매우 사랑받는 메뉴다.

아이들 사이에서 인기 있는 한 끼 식사 대용 음식으로 네덜란드식 팬케이크 파넨코켄(pannenkoeken)도 있다. 피자 도처럼 얇고 커다란 팬케이크다. 오리지널 파넨코켄은 그 위에 아무것도 올리지 않고 파우더 슈거만 뿌려 먹는다. 이 외에 토핑으로 햄·버섯·토마토·양파·바나나·사과 등을 식성대로 올려 구운 것이 있고, 초콜릿이나 각종 시럽, 심지어 아이스크림을 얹어 먹기도 한다. 파넨코켄 전문점에 가보면 메뉴가 수십 가지에 달해 골라 먹는 재미도 있다. 네덜란드 아이들은 아침마다 이 파넨코켄을 즐긴다. 얇은 파넨코켄을 돌돌 말아 칼로 썰어 먹기도 하고, 그냥 손에 들고 입으로 베어 먹기도 한다.

이런 음식의 특징은 만들기 쉽고 간편하다는 것이다. 노력을 줄이면서 효율성을 올리는 데 주력하는 전형적인 네덜란드 스타일의 실용적인 요리다. 자녀를 위한 사랑이 듬뿍 들어간 요리지만 만드는 과정이 크게 번거롭지 않고 먹을 때도 한입에 쏙 넣으면 그만이라는 게 특징이다.

아이들을 위한 음식에 쏟는 정성은 우리나라가 아마 둘째가라면 서러울 것이다.

하지만 영양식도 얼마든지 간단하게 만들어버리는 네덜란드 엄마들의 비결을 알아두면 유용하지 않을까.

3-3
먹어도 살찌지 않는 네덜란드 디저트

네덜란드 디저트로 유명한 것은 스트룹와플(stroopwafel)이다. 얇은 과자 사이에 네덜란드 고유의 시럽을 넣어 만든다. 두께는 2~3밀리미터 정도로 매우 얇지만 과자와 시럽의 밀도가 높아서인지 무게감은 꽤 있는 편이다. 즉석에서 따뜻한 시럽을 넣어 파는 스트룹와플도 있는데, 얇고 따뜻하기 때문에 금방 모양이 구부러질 수 있어 두 손으로 딱 잡고 한입씩 먹는 재미가 있다.

마트에 가면 포장한 스트룹와플이 늘 한가득 진열되어 있다. 스트룹와플의 맛은 한마디로 진짜 달다. 어른 손바닥만 한 얇은 것 하나를 먹으면 너무 달아서 커피가 저절로 당긴다. 네덜란드 가정에서는 이 스트룹와플을 준비해두고 엄마와 아이가 함께 꺼내 먹는다. 엄마는 커피와 함께, 아이는 우유와 함께.

또 다른 유명한 디저트는 애플타르트(appeltaart), 즉 애플파이다. 네덜란드에 가면 사과를 그대로 썰어 넣어 만든 애플타르트를 꼭 먹어봐야 할 만큼 일품 디저트다. 마트나 베이커리에서는 즉석에서 사과 껍질을 벗기고 썰어서 파이 반죽에 넣어 오븐 구이로 판매하는 애플타르트를 쉽게 볼 수 있다. 사과를 썰어 넣어 구웠기 때문에 한입 베어 물면 촉촉한 빵과 달콤새콤한 사과가 함께 씹히는 육질이 가히 중독적이다.

따끈하게 갓 구워낸 애플타르트를 보면 나는 도저히 그냥 지나칠 수 없었다. 가격은 한 판에 5유로 정도. 커피 혹은 우유와 정말 잘 어울리는 디저트다. 냉장고에 넣어두고 입이 심심할 때 한 조각씩 잘라 먹곤 했으니 다이어트는 저 멀리 가버린다.

네덜란드에서 감동적이었던 음료는 프레시 민트 티(verse munt thee)였다. 투박한 유리컵에 민트 잎이 가득 달린 줄기를 통째로 꽂아서 내는 차다. 꿀이 곁들여 나오므로 취향껏 단맛을 낼 수 있다. 티백도 아니고 말린 찻잎을 넣는 것도 아닌, 그냥 민트 잎을 통째로 넣어 마시는 프레시 민트 티는 네덜란드에서 처음 맛봤다. 프랑스나 이탈리아 등 다른 유럽 국가에서는 프레시 민트 티를 잘 보지 못했다.

네덜란드의 프레시 민트 티는 그 맛이 신선하고 건강해서 카페에 가면 무조건 한잔씩 마시는 습관이 생겼다. 아이들도 그렇게 허브 줄기가 들어 있는 차가 신기했는지 프레시 민트 티를 좋아했다. 마트에서 파는 프레시 민트 줄기를 한 팩 사다놓으면 4~5일은 민트 티를 마음껏 마실 수 있었다. 아예 작은 화분째로 민트를 팔기도 한다. 그럼 화분에서 민트 줄기를 따다가 뜨거운 물이 담긴 유리잔에 넣어 마시면 된다. 프레시 민트 티를 마실 때면 몸과 정신이 맑아지는 느낌이 든다.

연말이면 네덜란드의 베이커리는 올리볼렌(oliebollen)을 찾는 사람들로 붐빈다. 올리볼렌은 네덜란드의 새해맞이 전통 음식이다. 아이 주먹만 한 크기로 동그랗게 반죽한 밀가루를 기름에 튀겨낸 네덜란드 스타일 도넛이라고 보면 된다. 기름지고 고소한 데다 살짝 뿌린 파우더 슈거와 함께 먹으니 달짝지근한 맛도 감돈다.

네덜란드 사람들은 집에서 직접 올리볼렌을 만들어 먹기도 하지만 베이커리에서 잔뜩 사와 가족과 둘러앉아 먹기도 한다. 네덜란드 가정에서는 연말이면 가족이 옹기종기 모여 올리볼렌을 나눠 먹으며 새해 소망도 빌고 서로 축복의 말을 건네는 전통이 있다. 네덜란드 내에서 연간 소비하는 올리볼렌이 1억 개가 넘는다고 하니 연말에 얼마나 많이 팔리는지 짐작이 간다.

디저트는 맛있지만 너무 많이 먹으면 설탕과 기름, 그리고 탄수화물 과다로 살이 찐다. 네덜란드 어린이들은 이렇게 맛있는 디저트를 먹은 다음 부모와 함께 밖에 나가서 뛰어놀고, 자전거 페달을 힘껏 밟으며 달린다. 먹는 칼로리보다 부모와 함께 움직이며 소모하는 칼로리가 더 많아서 그런지 살이 찌지 않는다. 비만아를 찾기 어렵다.

나도 그랬지만, 아이가 어릴수록 부모는 아이의 먹거리에 상당히 민감하다. 유기농 등 좋은 것만 먹이려 하고 인스턴트 가공식이나 설탕이 많이 들어간 과자와 초콜릿은 가급적 피한다.

하지만 가끔씩 엄마와 함께 먹는 디저트는 아이의 몸과 마음을 더 건강하게 만드는 촉매제가 될 수도 있다. 디저트를 먹으며 행복한 순간을 만끽하고 신나게 뛰며 칼로리를 소모하는 네덜란드식 디저트 즐기기를 우리도 아이들과 시도해보면 좋겠다.

3-4
점심 도시락 싸는 네덜란드 아이들

요즘 한국 학교에서는 급식이 보편화됐기 때문에 새벽부터 도시락 싸느라 분주한 엄마들이 줄었다. 하지만 나의 학창 시절만 하더라도 엄마가 도시락을 싸주셨다. 엄마는 아침마다 자녀의 점심 도시락, 심지어 저녁 도시락까지 아주 정성 들여 만드셨다. 아마도 매일 도시락에 대한 스트레스가 있지 않았을까. 물론 공부하는 자녀한테 어떻게 하면 더 나은 음식을 먹일 수 있을까 고민하는 위대한 스트레스다. 자녀가 도시락 뚜껑을 열었을 때 옆 친구에게 기죽지 않기를 바라는 애틋한 마음도 담겨 있었다.

네덜란드 아이들이 학교에 갖고 가는 런치 박스는 놀라울 정도로 간단하다. 달랑 식빵 두 쪽 사이에 끼워 넣은 햄과 치즈뿐이다. 네덜란드 마트에 가면 슬라이스한 햄과 치즈가 종류별로 잔뜩 놓여 있다. 이렇게 간단하다 보니 굳이 엄마가 싸주지 않더라도 아이가 손쉽게 만들어 자기 가방에 넣을 수 있다. 실제로 많은 학생이 점심 도시락은 자기 손으로 싼다. 아침도 크게 다르지 않다. 식빵 한 조각 위에 버터나 초코 스프레드를 잔뜩 바른 뒤 하헬슬라흐(hagelslag)라고 부르는 자그마한 초콜릿 알갱이를 신나게 뿌려 먹는다. 하헬슬라흐는 딸기 맛, 초코 맛, 바닐라 맛 등등 여러 가지 맛이 있고, 모양도 동그랗고 길쭉하고 다양하다. 마트에 가면 온갖 종류의 하헬슬라흐를 담은 박스가 화려하게 진열되어 있다. 하헬슬라흐는 네덜란드의 남녀노소가 빵 먹을 때 자주 곁들이는 국민 간식이다. 하헬슬라흐를 모르고는 네덜란드에서 아침을 먹었다고 할 수 없을 정도다. 거기에 우유나 주스 한 잔만 곁들이면 네덜란드 가정식 아침 식사다.

그렇다. 네덜란드 엄마들은 자녀가 아침부터 빵과 설탕과 초콜릿을 마음껏 먹을 수 있도록 내버려둘 뿐 아니라 점심 역시 자기들 마음대로 싸도록 그냥 둔다. 아이들은 영양가보다는 맛 위주로 음식을 고르기 마련이다. 이렇게 싼 점심이 자녀의 입맛 기준으로는 매우 맛있겠지만 엄마 기준으로 볼 때 영양가는 엉망이지 않을까. 한국 엄마의 상식으로는 납득이 안 되고, 걱정스럽기까지 할 정도다.

그러나 네덜란드 아이들은 자신이 싼 점심 도시락은 싹싹 다 비운다. 자신이 원하는 걸 쌌기 때문에 맛도 있고 그만큼 점심시간이 더 흥미롭다. 신나게 점심 도시락을 비우고 집으로 돌아오면 엄마가 정성껏 만든 저녁을 더욱 맛있게 먹을 것이다. 결과적으로 그들에게는 아침, 점심, 저녁이 모두 만족스럽고 맛있는 식사인 셈이다. 아이들이 무엇을 먹는가도 중요하지만 얼마나 신나게 먹는가도 그 못지않게 중요하다.

네덜란드에는 비만 아이들을 찾아보기 어렵다. 세계에서 평균 신장이 가장 큰 나라 또한 네덜란드다. 남자 키는 평균 184센티미터, 여자는 무려 171센티미터다. 물론 인종이 다르니 우리보다 큰 게 당연하다고 여길 수 있다. 그러나 여타 유럽 국가들과 비교해봐도 키가 더 큰 그들만의 비법이 있을 것이다. 그 비결 중 하나가 바로 먹고 싶은 것을 신나게 잘 먹는 것임이 분명하다.

이유야 어찌 됐건 점심 도시락 스트레스 제로의 네덜란드 엄마들은 저녁 준비가 즐거울 것이다. 그게 엄마로서 직무 유기가 아님은 위에서 충분히 설명했다. 네덜란드 엄마들은 저녁때 자녀에게 영양가 있는 음식을 주면서 "모두 잘 먹어야 해"라고 단호하게 말한다. 아이들 또한 이를 수긍하며 그릇을 싹싹 비운다.

3-5 한없이 가벼운 그녀의 장바구니

장 보러 갈 때 필수 준비물은 바닥이 널찍하고 커다란 장바구니다. 하나만으로는 모자랄 때가 많아 두 개쯤은 여유로 갖고 간다. 마트를 나서는 엄마들 손에는 식재료로 가득 찬 장바구니가 여럿 들려 있다. 10킬로그램은 족히 되고도 남을 장바구니를 번쩍번쩍 들고 다니는 대한의 엄마들은 참으로 강하지 않은가.

그런데 세계 최장신 네덜란드 엄마들의 장바구니는 가볍다. 심지어 장바구니 없이 마트에 갈 때도 많다. 그들의 장바구니에는 우유 한 통, 간단히 손질한 채소, 약간의 고기나 생선 그리고 작은 치즈 한 조각과 빵이 들어 있을 뿐이다. 자전거를 즐겨 타는 네덜란드 엄마들은 뒷좌석 양쪽으로 늘어지도록 고안한 장바구니를 장착하고 달린다. 자전거 바퀴 양쪽에 걸쳐 있는 장바구니는 부피가 작을 수밖에 없다.

네덜란드의 보통 가정에 가보면 부엌 냉장고가 너무 작아서 놀란다. 우리처럼 김치 냉장고와 일반 냉장고 두 개씩 두고 사는 데 익숙한 경우라면 그들의 작은 냉장고를 보는 순간 적지 않게 당황스러울 것이다. 나도 그랬다. 이렇게 거구의 사람들이 도대체 뭘 어떻게 먹고 살기에 이리도 자그마한 냉장고만 있는지 궁금했다. 냉동실에 고기 몇 덩어리 넣는 것조차 배치를 잘해야 할 만큼 공간이 협소하다.

네덜란드 엄마들은 음식을 냉장실에 쟁여놓기나, 냉동실에 얼리지 않는다. 식재료를 잔뜩 쌓아두고 하나하나 꺼내 먹는 방식으로 음식을 준비하지 않는다. 그야말로 동네 마트에서 그날 꼭 필요한 식재료만 구매해서 요리하고 끝낸다. 이건 그들의 요리가 간단하기 때문에 가능한 점도 있다. 만일 음식에 여러 가지 양념과 번거로운 준비 과정이 수반된다면 매번 만들어 먹는 게 보통 일이 아닐 것이다.

냉장고에 음식을 쟁여두는 것 혹은 식재료를 미리 만들어두는 것은 분명 장점이 있지만 단점도 있다. 지금 이 책에서 굳이 장점을 꺼내들며 옹호할 필요는 없으니 단점만 생각해보자. 먼저 아무리 냉동이더라도 바로 만들어 먹는 음식과 신선도가 같을 수는 없다. 요리 시간이나 살림의 짐을 덜어주는 것도 아니다. 어찌 됐건 미리 손질하고 준비하는 시간이 필요하지 않은가. 또 하나는 엄마들에게 불필요한 고민거리를 안겨줄 여지가 있다는 것이다. 냉동실 안에 뭐가 들어 있는지 살펴야 하고, 뭐가 얼마나 오래됐는지 챙겨야 하고, 빨리 먼저 먹어야 할 것을 챙겨서 요리해야 한다. 냉장실도 마찬가지다. 깜빡 정신을 놓았다가는 썩어서 버려야 하는 식재료가 생긴다. 일을 덜자고 미리 준비해놓은 것들이 오히려 일을 만든다. 마늘 다진 것, 육수 조금 얼린 것 정도는 분명 요리의 번거로운 절차를 생략해줄 수 있다. 그러나 이보다 더 나아갈 필요는 없다. 오늘 당장 아니면 최소한 내일까지 다 먹을 수 있는 것이 아니라면 과감히 장바구니에서 덜어내야 한다. 장바구니가 가벼워지면 하루하루 부엌살림이 가볍고, 그러다 보면 요리에 대한 부담 역시 가벼워진다.

실컷 요리하고 나서 남는 음식은 결국 또 냉장고로 들어간다. 그리고 이틀 사흘이 지나도록 냉장고에 남아 있는 음식은 결국 엄마 차지가 된다. 쓸데없는 열량 섭취로 인해 다이어트를 방해하는 주범이기도 하고, 데우기 귀찮아 있는 그대로 남은 음식을 먹으면서 순간순간 엄마의 자존감은 낮아진다. 요리할 때 10~20분 절약하기 위해, 혹은 일주일 동안 장 보는 시간을 아끼기 위해 무거워진 장바구니는 그만큼 큰 부담도 덤으로 안겨준다. 커지는 냉장고만큼, 무거워지는 장바구니만큼 결국 엄마의 일거리도 많아진다.

네덜란드 엄마들의 요리 철학은 '그날그날 딱 먹을 만큼만'이다. 식탁을 차릴 때도 여러 가지 반찬을 진열하듯 꺼내놓지 않는다. 되도록 간결하게 주요리만 내놓고 빵이나 감자를 곁들여 먹으면 끝이다. 우리나라 음식 문화가 네덜란드와는 좀 다르지만 '간단하게' 먹자는 철학은 적극적으로 받아들여도 좋을 것 같다. 네덜란드 엄마들의 저녁 식사 스타일을 따라 해보자. 처음엔 마트에 자주 가는 게 힘들고 번거롭겠지만 간단한 장 보기에 익숙해질수록 식사 준비에 대한 부담이 적어지는 놀라운 경험을 할 수 있을 것이다.

3-6
세계 최장신 아이로 키우는 삼박자

우유, 치즈, 버터, 요구르트는 내가 정말 좋아하는 음식이다. 생각만 해도 마음이 따뜻해지고, 고소한 풍미를 떠올리면 왠지 든든하다. 네덜란드에 가게 된다고 했을 때, 이제 신선한 치즈를 마음껏 먹을 수 있겠구나 하는 기대감이 컸다.

네덜란드는 낙농 선진국이다. 네덜란드 치즈와 우유의 품질은 세계 어디에 내놓아도 손색없는 최상급이다. 원재료인 우유의 품질이 좋으니 치즈, 요구르트, 버터 등 유제품의 맛이 뛰어나다. 맛은 좀 더 고소하다고나 할까. 괜한 기분 탓일 수도 있지만. 값도 싸다. 2리터짜리 우유 한 통이 1유로, 우리 돈으로 1,300원 정도다.

네덜란드 국토의 상당 부분은 농장이다. 자동차 전용 도로나 고속도로를 달릴 때면 어김없이 평화로운 농장 풍경이 양쪽으로 이어진다. 산이 없는 네덜란드는 어디에 눈을 두더라도 평평하고 광활한 농장이 펼쳐지고 거기서 한가롭게 풀을 뜯어 먹는 젖소, 양 그리고 말을 언제나 볼 수 있다.

동네마다 젖소를 방목해 키우는 그야말로 '동네 농장' 하나쯤은 있다. 방목해서 키운 젖소에서 매일 신선한 우유를 짜내고, 치즈와 버터를 만든다. 나도 가끔 네덜란드 사람들과 함께 동네 농장에서 '목장 우유'를 사다 먹었다. 큰 통에 담긴 우유를 마치 생맥주 따르듯 내려서 하얀 버킷에 담아주는데, 처음에는 목장에서 만든 우유를 바로 사서 먹는다는 게 신기하기만 해서 자주 갔다. 하지만 이내 그 진하고 고소한 맛에 반해버렸다.

목장에 들어설 때마다 수많은 젖소와 양이 평화롭게 풀을 뜯는 광경은 낭만이었고, 특유의 분뇨 냄새까지도 싫지 않았다. 버터도 하얀 종이에 싸서 준다. 어릴 때 기름종이에 싸여 있던 네모난 벽돌같이 생긴 버터 덩어리가 생각나고, 종이에 싸서 주니 더 맛있게 보인다.

요구르트는 유리병에 넣어서 파는데, 처음에만 병 값을 받고 다음에 그걸 씻어서 갖고 가면 병 값은 제하고 요구르트를 가득 담아준다. 농장에 유제품을 사러온 할머니들이 장바구니에 소중히 담아온 유리병을 꺼내 건네는 모습이 마치 그림 동화 같았다. 도시에서 자란 나로서는 이런 유제품을 직접 사다 먹을 수 있는 농장을 수시로 방문할 수 있다는 사실이 마냥 행복했다. 나 같은 이방인에게 동네 농장의 버터와 치즈를 사 먹는 것은 유럽의 관광지에서나 경험할 수 있는 호사스러움이었지만, 네덜란드 사람들에게는 그냥 일상이다.

이런 농장은 대개 가족 농장이다. 가족의 이름을 걸고 한 지역에서 수십 년 동안 운영하는 농장이라 더 신뢰가 갔다. 물론 요즘은 네덜란드 낙농업이 기계화, 디지털화했기 때문에 우리가 예전 동화에서 봤던 그런 농부들은 아니다. 농장은 최신 시스템을 갖추고 과학적으로 운영된다. 네덜란드의 과학적 낙농 기술은 다른 나라에도 앞다퉈 배우고 있다.

네덜란드산 치즈로 유명한 것은 고다치즈(Gauda Kaas)와 에담치즈(Edam Kaas)다. 네덜란드어에서 G는 '흐'처럼 발음하므로 고다치즈를 현지에서는

'하우다 카스'라고 부른다. 하우다는 헤이그 동쪽에 있는 작은 마을 이름이다. 고다치즈는 네덜란드 치즈 생산의 70퍼센트가량을 차지한다. 에담치즈는 사과처럼 빨간색으로 겉면을 왁스 코팅해 눈에 띈다. 에담치즈는 네덜란드 북쪽 지역에서 생산하는 치즈다. 고다치즈가 좀 더 부드럽고 에담치즈가 살짝 쫄깃하다.

네덜란드 전역에는 거리마다 치즈 가게가 있다. 노란색 왁스를 입힌 둥그런 타이어 같은 치즈 덩어리가 수십 개 쌓여 있는데, 그중에서 손님이 원하는 치즈를 원하는 크기만큼 자른 뒤 바로 저울에 달아 가격을 매겨 판다. 치즈를 자르는 칼은 낫처럼 생겼는데, 손잡이가 양쪽에 있어 치즈를 아래에 놓고 썩둑 잘라낸다. 좀 무섭다. 그리고 예쁜 기름종이에 치즈를 싸서 내준다. 그 포장지마저도 처음에는 신기했다.

갓 사온 치즈는 정말 말랑하고 고소하다. 매일 아침마다 빵 사이에 슬라이스한 치즈와 달걀 프라이를 넣어 먹으면 치즈가 녹아서 더 맛있고, 저녁에 와인이나 위스키 안주로 여러 가지 치즈를 잘라서 신선할 때 먹으면 끝내준다. 점심에는 샐러드에 치즈를 아무렇게나 조각내 섞어 먹거나 파스타 위에 뿌리면 아이들이 좋아한다.

치즈는 숙성 정도에 따라서 가장 옅은 것부터 jong-belegen-oud의 단계로 나뉘고, 그 안에 각종 허브나 견과류 등을 넣어 다양한 종류가 만들어진다. 마트의 치즈 섹션에는 각종 치즈가 산더미처럼 쌓여 있어서 처음엔 무엇을 골라야 할지 결정하는 데만도 시간이 한참 걸렸다. 그 엄청난 양의 치즈가 날개 돋친 듯이 팔려나가는 것을 보고는 상당히 놀랐다.

우리가 김치를 먹는 것처럼 네덜란드 사람들은 치즈를 먹는다. 그런데 그 양이 대단하다. 그들이 세계 최장신인 이유 중 하나가 어릴 때부터 치즈와 우유를 많이 먹기 때문이라고 한다. 어른 아이 할 것 없이 유제품을 많이 먹고, 언제나 자전거를 타기 때문에 자연스럽게 꾸준한 운동을 하고, 늦어도 밤 9시에는 잠자리에 든다. 그러니까 잘 먹고, 운동 많이 하고, 일찍 자는 3박자가 완벽하게 맞아 돌아간다. 이로써 네덜란드 아이들은 전 세계에서 평균 신장이 가장 큰 성인으로 성장한다. 이 3박자를 한국의 엄마들도 모르는 건 아니다. 상황이 그렇지 못할 뿐이다. 그렇지만 내 아이를 키 크게 키우고 싶다면 우선순위로 고려해야 할 요소임에는 틀림없다.

3-7 온 가족이 거드는 저녁 식사 시간

우리 집의 저녁 식사는 과연 누구를 위한 시간인지 한 번 되새겨보자. 아마도 대부분의 저녁 시간은 아이들을 위해 엄마가 바쁘게 땀 흘리는 시간일 것이다. 여기에 한 가지 더, 우리 집 식탁 위에서는 어떤 대화가 오가는지 귀 기울여 들어보자. 어떤 주제로 대화가 이뤄지고 있는지, 누가 주로 말하고 누가 대답을 하는지 점검해보자.

오후 5시 반 정도가 되면 네덜란드 가정의 주방은 바쁘고 활기가 돌기 시작한다. 대부분의 가정이 6시쯤 저녁 식사를 시작하기 때문이다. 너무 이르다고 생각할 수도 있지만, 네덜란드에서는 놀랍게도 더 일찍 저녁을 먹고 7시 반쯤이면 잠자리에 드는 아이들이 많다.

네덜란드의 저녁 식사 준비 시간에는 엄마 혼자 고독하게 주방에서 일하지 않는다. 자녀가 엄마의 저녁을 거들고 남편도 아내를 돕는다. 저녁 식사 시간은 엄마가 음식을 혼자 준비해서 차려내는 가사 노동 연장이 아니라 가족 모두 음식을 만들고, 차리고, 치우며 소통하는 일종의 행사와 같다. 엄마가 감자를 구워 접시에 담으면 그것을 식탁으로 옮기고, 감자를 찍어 먹을 마요네즈(네덜란드 사람들은 프렌치프라이를 주로 마요네즈에 찍어 먹기 때문에 케첩은 따로 달라고 요청해야 한다)를 덜어놓는 일은 아이들 몫이다. 테이블 와인을 따라 놓고 아이들 컵에 우유와 주스를 따르는 일은 남편이 맡는다.

음식을 먹는 동안 부모와 자녀는 각자의 하루를 이야기하며 서로 고개를 끄덕이거나 맞장구를 치기도 한다. 부모는 자녀의 생각이나 행동에 다른 의견이 있을 경우 그 이유를 매우 차분하게 말함으로써 아이들을 이해시키고자 한다. 부모의 일방적 훈육이나 가르침이 아니라 가족 모두 둘러앉아 평등하게 환담을 나누는 모두에게 유쾌한 시간이다. 식사를 마치고 치우는 일 역시 가족이 자연스럽게 분담한다.

야근이 잦은 남편을 둔 덕에 한국의 엄마는 네덜란드 엄마들과 같은 저녁 시간의 호사를 누리기 어렵다. 와인 한 잔은커녕 물 한 잔도 제대로 못 마시고 땀 삐질 흘리며 저녁을 차려내고 신더미 같은 설거지도 감당해야 한다. 그러다가 가족 중 누가 반찬 투정이라도 하는 순간이면 그동안 쌓였던 감정이 폭발하기 일쑤다. 즐거워야 할 시간이 냉랭한 긴장의 순간으로 바뀐다.

요리하는 것이 취미이자 요리가 세상 즐거운 엄마가 아니라면 저녁 식사 시간은 엄마에게 행복보다 부담을 가져다주기 쉽다.

세상에서 가장 맛있는 음식은 사랑으로 만든 음식이다. 엄마도 인간이기 때문에 매일의 저녁 시간이 힘겨운 가사 노동이라면 사랑을 담은 맛난 요리 그릇만을 내어놓지 못할 수도 있다. 내 아이를 위해서라도 저녁 식사는 엄마에게 흥겨운 콧노래가 나오는 시간이 되어야 한다. 그러기 위해 가장 손쉬운 방법으로 엄마 혼자 저녁을 다 감당하지 말라는 팁을 주고 싶다.

네덜란드 엄마들처럼 가족과 함께 저녁을 준비하자. 모든 가족이 공평하게 일을 맡아 저녁을 준비하고, 다 같이 둘러앉아 대화를 나누고, 뒷정리도 다 같이 감당하기는 현실적으로 어려울지 모른다. 하지만 얼마든지 한국적 상황에 맞게 변형할 수는 있다.

어떤 방식으로든 아이를 저녁 식사 과정에 포함시킬 수만 있다면 좋다. 아이가 어려도 걸을 수만 있고 물건을 잡을 수만 있다면 가능하다. 자기 물컵과 숟가락은 자기가 놓도록 시키자. 식사 후에는 자기가 먹은 그릇과 수저를 얼마든지 싱크대에 옮겨놓을 수 있다. 어릴 때부터 저녁 시간은 가족이 함께 참여한다는 인식을 심어줘야 한다. 그렇게 자란 아이는 혼자 부엌에서 동동거리며 저녁을 준비하는 엄마를 당연한 듯 무심히 여기지 않을 것이며, 엄마의 저녁상이 얼마나 소중한지 감사하는 마음을 잃지 않을 것이다. 아들의 경우 결혼하고 나서 아내에게 사랑받는 남편이 되는 것은 거저 따라오는 보너스다. 엄마의 저녁상을 매일 감사할 줄 아는 아이가 사회에 나갔을 때 어떤 마음가짐으로 살아갈지는 굳이 설명할 필요도 없다.

3-8 네덜란드식 밥상머리 교육

어릴 적 어른들께 한 번쯤 들어본 말이 있다.

"밥 먹을 때는 말하는 거 아니다."

식탁에서는 어른들이 한두 마디 말을 건넬 때 간단한 대답 정도만 하고 잠자코 밥이나 열심히 먹으라는 얘기다. 이런 말이 왜 생겨났을까. 왜 밥 먹을 때 말을 하면 안 될까. 밥 먹을 때 말을 많이 하면 입안의 음식이 튀고 입 속의 음식이 보이기 때문에 조심하기는 해야 한다. 하지만 그보다 음식이 귀하던 시절에는 밥을 먹을 수 있다는 것 자체만으로도 감사해야 했기에 밥을 앞에 두고 떠드는 모양새가 보기에 좋지 않았을 것이다.

밥상 앞에서는 얘기하며 떠들기보다 성실하게 밥을 싹싹 다 비워 먹는 게 올바른 행동이던 시절이 있었다. 하지만 지금은 그때와 좀 다르다. 비만을 걱정하는 영양 과다 시대가 되었고 바쁜 현대인의 삶을 사는 가족은 식사 시간이 되어야 그나마 얼굴을 마주할 수 있다. 그런 상황이다 보니 밥 먹는 시간이야말로 소중한 소통의 기회가 아닐 수 없다.

최근에는 각 학교에서도 '밥상머리 교육'이라는 이름으로 아이들이 집에서 부모와 식사를 함께하며 대화하고 소통할 것을 강조한다. 식탁에 둘러앉아 학교에서 있었던 얘기를 나누고 최근의 관심사나 고민거리, 혹은 재미난 경험을 나누는 것은 아이들을 더 잘 알고 아이와 더 가까워질 수 있는 절호의 기회다.

네덜란드 아이들은 부모와 식사하며 대화하는 데 매우 큰 의미를 부여한다. 언젠가 네덜란드 중학생과 한국 학생들의 삶에 대해 얘기를 나눈 적이 있다. 한국에서는 초등학생들도 학원에 다니느라 집에 늦게 들어오는 일이 흔하다고 했더니, 그 학생은 대뜸 "그럼 언제 부모님과 저녁을 먹고, 언제 부모님과 대화를 나누나요?" 하고 물었다. 꽤 신선한 충격이었다.

네덜란드 아이들에게 부모와의 대화 시간이 매일의 삶에서 매우 중요한 리츄얼(ritual)임을 단적으로 보여주는 대목이다. 네덜란드 사람들에게는 저녁 식탁 대화야말로 남들에게 방해받지 않는 가족만의 시간이자 휴식의 시간이다. 단, 네덜란드 부모는 식사 시간에 아이를 혼내거나 못마땅한 내색을 비치지 않는다. 맘에 들지 않는 얘기가 있더라도 일단은 다 들어주고, 설령 아이가 잘못한 점이 있더라도 무턱대고 나무라지 않는다. 오히려 그 시간 동안 자녀가 갖고 있는 생각이나 그동안 잘 몰랐던 고민 혹은 새로운 경험을 듣고 이해할 수 있기 때문에 더 조심스럽고 소중하게 대한다.

네덜란드 태생의 유명한 철학자 에라스뮈스(Erasmus)는 15~16세기 유럽의 르네상스 사상에 지대한 영향을 미친 인문학자이며, 고전과 신학을 공부한 뒤 종교 개혁 시기에는 지적 스승으로까지 칭송받았다. 성직자들의 가식과 교회의 부패를 풍자한 《우신예찬》은 그의 유명한 저서다. 에라스뮈스는 지금까지도 네덜란드 국민에게 존경받는 지식인이다. 건축으로 유명한 로테르담(Rotterdam) 도심을 가로지르는 멋진 에라스뮈스 다리가 시민과 관광객의 눈길을 사로잡고, 에라스뮈스 대학은 세계적 명문 대학으로 이름을

날리고 있다.

흥미로운 것은 사제인 아빠와 평범한 엄마 사이에서 태어나 사생아로 자란 에라스뮈스가 어린 시절 수도원에서 지내며 경험한 '밥상머리 교육'을 매우 중요하게 인식했다는 사실이다. 그는 어린 아이의 인성을 가꾸는 데 식사 시간이 결정적 영향을 미친다고 강조하면서《버릇 있는 아이》라는 책을 남기기도 했다. 책에는 이와 관련해 구체적인 행동 지침도 담겨 있다.

"빵은 나이프로만 잘라야지, 손으로 잡아 뜯으면 안 된다. 어른에게 말할 때는 그 어른의 얼굴을 똑바로 바라봐야 한다. 눈동자를 다른 데로 돌리면 안 된다. 식당에 들어가면 어른들이 앉으라고 할 때까지 서 있어야 한다."

밥상머리 교육을 통해 아이가 밥 먹는 모습이나 밥 먹을 때 지켜야 할 태도를 바로잡을 수 있고, 나아가 품격 있는 몸가짐을 지니게 된다고 믿었던 것이다.

내 아이의 버릇과 매너는 부모가 마땅히 가르쳐야 한다. 아이는 부모가 하는 대로 보고 배우기 마련이다. 사람의 매너와 품위는 모두가 똑같을 수 없다. 개성에 따라 조금씩 다른 모습으로 발현된다. 그러니 내 아이의 성향을 잘 고려한 특화된 예절, 매너, 인성은 부모의 몫이어야 하는데, 이때 바로 밥상머리 교육이 중요한 역할을 한다. 설령, 아무리 공부를 잘 했더라도 성인이 되었을 때, 밥 먹는 모습이 다른 사람의 눈살을 찌푸리게 하거나 행동거지에서 일정한 품격을 갖추지 못한다면 절대로 성공할 수 없다. 하루 한 시간, 밥상머리 교육은 그만큼 중요하다.

네덜란드식 엄마의 실속: 손해 보지 않는 유럽의 깍쟁이로 살다

The Power of
Dutch Mother

4-1
비바람 속에 빛나는 외모 가꾸기

네덜란드의 대표적 상징물이 바로 풍차다. 바다보다 낮은 땅에서 하염없이 차오르는 물을 퍼내기 위해 사용하는 풍차는 바람의 힘을 빌려 에너지를 만든 다음, 들이치는 물을 바깥으로 내보냈다. 네덜란드의 풍차는 그렇게 하루 종일 돌면서 물을 퍼내고 곡식을 빻았다. 바람의 힘이 없었다면 불가능했을 것이다. 그만큼 네덜란드는 바람이 많이 부는 나라다.

빙글빙글 네 개의 날개로 돌아가는 풍차의 모습이 외국인에게는 목가적이고 멋져 보이지만, 네덜란드 사람들에게 풍차는 생존과 관련된 심각한 도구였다.

네덜란드의 기후는 썩 좋다고 하기 힘들다. 눈부시도록 햇빛 찬란한 날도 있지만 흐리고 스산한 날이 꽤 많은 편이다. 바람이 많은 나라답게 비바람도 자주 분다. 비가 내릴 때는 바람이 여기저기 사방에서 불어와 우산도 전혀 소용없다. 비바람은 얼굴에, 어깨에, 뒤통수에 사정없이 속수무책으로 몰아친다. 아예 네덜란드 사람들은 어지간한 비에는 우산 쓰기를 포기한 채 옷깃을 여미고 종종걸음으로 다닌다.

이런 네덜란드 기후인지라 제아무리 중요한 학부모 모임이라도 엄마들은 늘 갖춰 입을 수가 없다. 게다가 자전거가 주요 이동 수단인 이 나라에서는 편안한 바지에 운동화 차림이 제격이다. 사정이 이렇다 보니 학부모 모임 때나, 학교 행사 때나 어떤 옷을 입어야 할지 고민하는 엄마는 없다. 아무리 멋지게 화장하고 치장하더라도 거친 바람을 맞으며 자전거를 타고 가다 보면 처음의 맵시는 온데간데 없어져버린다. 기후 탓에 편안한 청바지와 점퍼를 걸친 캐주얼 차림으로 다니는 네덜란드 엄마들의 마음이 어쩌면 더 편할지 모르겠다.

아이 양육에 지치고 경제적으로도 부담이 커서 외모에 신경을 못 쓰는 우리 상황과는 다르다. 다이어트는커녕 남은 음식 비우느라 맛없게 먹으면서도 살은 통통하게 오르고, 푸석해진 피부에는 날이 갈수록 색소까지 올라오는 듯하다. 대충 편하게 입은 바지의 허리 둘레는 해가 지날수록 넓어지기만 한다. 아름다운 계절이 네 번 바뀌는 동안에도 옷장 속에는 딱히 입을 옷 한 벌이 없다. 결국 안 꾸미는 것이 아니라 못 꾸미는 것이고, 이는 고스란히 엄마들의 자존감 하락으로 이어진다. 변해버린 외모와 겉모습은 엄마들이 겪는 산후 우울증 혹은 육아 우울증의 대표적인 이유이기도 하다.

최소한 외모를 꾸미는 점에서 네덜란드 엄마들도 비싼 옷 안 사 입고 자기 관리라고는 자전거 타고 운동하는 것이 전부다. 여기에 검소한 네덜란드 국민성이 일조하는 면도 없지 않다. 그러나 우리와 중요한 차이가 있다.

네덜란드 엄마들은 내면이 당당하기 때문에 늘 유쾌하고 우울하지 않다. 표정을 보면 항상 웃는 낯인 데다 주눅 들지 않고 호쾌하다. 바로 여기에 방법이 있다. 아무리 절세 미녀라도 흐르는 세월을 역행할 수는 없다. 의술의 힘도 한계가 있고, 그것이 과도하면 어색하기 짝이 없다.

엄마들은 내 모습을 지금보다 더 사랑하고 거울 속의 내 모습을 자신 있게 바라보며 당당해야 한다. 아이 때문에 바빠서 나 자신을 돌보지 못하는 기간은 평생 지속되지 않는다. 그러니 그동안은 '안 꾸미는 것'이라고 되뇌어보자. 마음가짐이 바뀌면 표정이 바뀌고 태도도 달라진다. 그러면 그 무엇으로도 치장할 수 없는 엄마의 미를 갖게 될 것이다. 일부러라도 활짝 웃으며 아이와 대화하고, 남편과 마주하고, 거울을 보고 나와 소통하다 보면 분명히 외모도 바뀐다.

4-2 유행은 NO, 가난함을 선택하는 진짜 이유

가난하다는 것은 부끄러운 게 아니다. 가난함 역시 그저 삶의 다른 한 형태라고 한다면, 너무 낭만적인 얘기라고 한 소리 들을지도 모르겠다.

네덜란드 엄마들의 생활을 보면 가난한 삶이라는 게 좋을 수도 있겠구나 하는 희한한 감탄이 든다. 물론 여기서 가난한 게 무조건 좋다고 억지떼를 쓰는 것은 결코 아니다. 네덜란드 엄마들의 가난한 삶은 생활 속 불필요한 군더더기를 과감하게 떨쳐내고, 이른바 심플 라이프를 지향하는 모습에 더 가깝다.

네덜란드 엄마들은 남들이 갖고 있다고 해서 필요하지 않은 물건을 사지 않는다. 그러다 보니 유행 품목이라는 게 거의 없다. 네덜란드의 중고 물품 판매는 매우 활성화돼 있어 쓰다가 불필요해진 물품을 처분하는 것도 비교적 수월한 편이다.

이런 가난한 라이프스타일은 자녀 양육에도 물론 적용된다. 네덜란드 엄마들은 자녀의 학급 친구가 뭘 샀다고 해서, 그게 유행한다고 해서 무턱대고 사주는 일은 없다. 쓸데없이 비싸고 필요 없는 물건을 단지 '아이의 기가 죽을까봐' 지레 겁먹고 사주지 않는다.

반면 우리는 학교에서 특정 브랜드가 아이들 사이에 유행한다는 소식을 뉴스로 접한다. 그 브랜드의 로고가 박힌 옷이나 신발을 가지고 있지 않은 아이는 은근한 따돌림을 당하기도 하는데, 이 얼마나 무서운 현실인지 모르겠다.

경제관념도 미약한 어린 아이들이 사회에 나가기도 전에 배우는 것이 '없으면 서럽고 소외된다'는 씁쓸함이다. 좁은 커뮤니티에 속한 아이들은 자신이 못 가진 데 대해 절박함을 느낄지 모르겠다. 사정이 이러니 엄마들은 자녀에게 '유행하는' 아이템을 안 사줄 도리가 없다. 못 사주면 오히려 아이한테 한없이 미안하고 엄마는 자괴감에 빠져버린다.

네덜란드 엄마들은 적어도 이런 경제적 굴레에서 자유로워 보인다. 그들은 자존감이 높기 때문에 다른 집 아이가 뭘 가졌다고 해서 내 아이도 반드시 그래야 한다고 생각하지 않는다. 내 아이한테 가장 맞는 스타일이 있고, 내 아이는 그 자체로 누구보다 더 소중하다고 여기기 때문이다. 네덜란드 엄마들의 생각이 이러하니 학교나 유치원에서 단체로 유행하는 브랜드가 생겨나기는 참 어렵다.

이런 글을 쓰고 있으면서도 막상 나조차 아이의 학급에서 지금 초유행하고 있는 어떤 브랜드를 입고 싶다고 아이가 조른다면 과연 단호하게 그건 아니라고 설득할 수 있을지 확신할 수 없다. 아마 어느 정도 머뭇거리다가 '자존감'과 '개성'을 아이 수준에 맞는 표현으로 바꿔서 장황하게 설명하고 난 뒤 한동안 아이의 눈치를 살피지 않을까 싶다. 너무 크게 의미를 부여하는 것일지 모르겠으나 '교실에서 유행하는 어떤 브랜드'는 공동체 의식이라는 미명 아래 다양성을 무시하는, 그래서 바람직하지 않은 현상이란 생각이다.

네덜란드는 상당히 글로벌한 나라다. 수도인 암스테르담이나 행정 수도 헤이그에 가보면 거리를 다니는 10명 중 한 명은 네덜란드 사람이 아닐 정도로 외국인이 흔하다. 그만큼 다양성이 상존하는 나라다. 이 다양성이라는 게 먼저 존재한 뒤에 네덜란드가 다양성을 인정하는 나라가 되지는 않았을 것이다. 다양성을 인정하고 존중하는 분위기가 있었기에 세계 각국의 인재와 문화가 네덜란드에 유입될 수 있었고, 그로 인해 글로벌한 강국이 된 것이다.

유행에 맞는 치장보다 개성 있게 성장하는 게 훨씬 멋진 모습임을 부모가 아이에게 가르쳐야 하지 않을까. 다른 애들이 입는 옷을 따라 입는다고 아이의 자존감이 높아지지 않는다. 아이가 스스로의 가치를 자랑스럽게 여길 수 있어야 자존감도 높아진다. 그 힘을 키워주는 것은 다름 아닌 엄마의 다양성 인식이다.

4-3 더치맘이 가르치는 더치페이의 진수

식당에서 여럿이 밥을 먹고 난 뒤 각자 자기 먹은 비용을 계산하는 것을 '더치페이(Dutch pay)'라고 한다. 엄밀히 말하면 '네덜란드 사람 식으로(go Dutch)'가 맞는 표현이다.

이런 말이 생긴 것은 수백 년 전이다. 당시 네덜란드와 해상 무역 경쟁 관계에 있던 영국인이 자신들과 문화적 차이가 있는 네덜란드 사람들을 비꼬기 위해 이런 표현을 만들었다는 설도 있다. 기원이야 어찌 됐건 요즘 더치페이는 순전히 경제적인 의미에서 세계적으로 널리 사용되는 표현이다.

더치페이는 자기가 뭘 먹었거나, 썼거나, 보고 즐겼을 때 자기 몫으로 발생한 비용은 자기가 내는 것이다. 남녀가 데이트할 때도 예외 없다. 둘이 1만 원짜리 파스타 두 개와 5,000원짜리 커피 두 잔을 마셨다면 남녀 공히 1만 5,000원씩 부담하는 것이다. 10명, 20명이 단체로 회식을 했을 때도 마찬가지다. 계산서에 나와 있는 목록 중 자기가 먹은 음식값이 총 얼마인지 보고 딱 그만큼 각자 지불한다. 그렇기 때문에 식당에는 길게 줄을 서서 계산하는 진풍경도 종종 벌어진다.

네덜란드에서는 부모와 자녀 사이에서도 더치페이 공식이 작동한다. 물론 가족끼리 식당에서까지 야박하게 각자 계산하지는 않지만, 그들의 삶 속에는 더치페이 사고방식이 뿌리 깊게 박혀 있다. 예를 들어, 자녀가 대학에 가서 따로 나가 살 경우 부모는 자녀에게 생활비가 얼마나 들어가는지 묻지 않으며 자녀도 부모에게 자기의 수입과 지출이 어느 정도인지 소상하게 일일이 얘기하지 않는다. 서로의 경제적 상황을 자세히 알 필요가 없다. 왜냐하면 부모의 품을 떠나서부터는 독립적인 경제 운영을 하기 때문이다. 우리가 친구나 이웃에게 자기 수입과 지출 내역을 소상히 얘기하지 않는 것과 같다.

네덜란드 아이들은 열두 살 즈음이면 아르바이트를 해서 용돈 버는 것을 당연하게 생각한다. 친구들과 놀 때 쓸 용돈이 필요하더라도 부모한테 쉽게 손을 벌리지 못한다. 그 돈은 가능하면 자신이 할 수 있는 간단한 아르바이트를 해서 벌어야 한다고 생각한다. 물론 네덜란드 부모들도 형편이 허락할 때는 자녀를 도와준다. 하지만 으레 자녀한테 경제적 지원을 해주는 게 당연하다고 여기는 부모도, 자녀도 없다는 점이 우리와 매우 다르다.

경제관념이 얼마나 철저하냐 하면, 단지 학위만을 따기 위해 대학에 가는 것을 아무 의미 없는 일이라고 생각한다. 대학의 학비가 1년에 우리나라 돈 200만 원 정도밖에 들지 않지만 말이다. 당연히 아이들도 허울뿐인 학위를 위해 시간과 돈을 쓰는 데 아예 관심이 없다. 모든 일을 결정할 때 경제적으로 합리적이라고 여겨져야 움직인다. 체면치레는 안 한다.

한 번 가정해보자. 사람들과 만나서 식당에 갔을 때, 철저하게 더치페이를 해야 한다고 생각하면 메뉴를 고를 때도 좀 더 신중하고, 주문해서 나온 음식을 먹을 때에도 조금은 더 그 맛이나 재료에 집중하게 된다. 과연 이 음식이 내가 낸 돈의 값어치를 충분히 하는지 생각하면서 말이다. 반면 누군가가 사줄 테니 맘 놓고 시켜 먹으라고 하면 이것저것 되는 대로 따지지 않고 주문하고, 각각의 음식에 대해서도 그 소중함이 좀 덜 느껴진다. 돈이나 음식의 가치가 반감되는 것이다. 이것이 사람의 자연스러운 본능이다.

네덜란드 엄마들이 자녀에게 심어주는 더치페이 마인드는 비단 친구들과 만나 밥 먹을 때만 유효한 것이 아니다. 자녀가 삶을 살아가는 기본적인 방식을 결정한다. 매사에 자신이 선택을 하고, 그 선택에 대한 책임 또는 자기가 지는 방법을 배우게 된다. 어린 아이들은 소소한 시행착오를 겪겠지만, 그럼으로써 성인이 되면 한층 알찬 삶을 살게 될 확률이 높아진다. 스스로의 인생을 결정해가는 과정에서 그 선택이 정말 필요하고 합당한지 신중하게 생각해보는 습관은 엄청난 자산이다. 경제적으로도 괜한 손해를 볼 확률이 낮고 시간적으로도 낭비할 일이 덜하다.

아이를 사랑한다고 조건 없이 다 주는 사랑보다는 자기 몫은 당연히 자기의 부담이라고 생각하는 습관을 들이도록 해야 한다. 그러한 습관이 결국 아이의 여유로운 삶을 보장해준다.

4-4 바이킹의 힘은 지고 돈의 힘이 뜨다

15세기 유럽의 해양을 지배했던 나라가 네덜란드다. 네덜란드는 해상 무역을 통해 세계 경제를 지배했다. 북유럽 바이킹들이 배를 타고 바다를 누비며 세계를 점령했다면, 그 바로 남쪽의 네덜란드 민족은 배를 타고 바다를 누비며 장사를 했다. 동인도회사를 설립한 네덜란드는 주식 시장을 세계 최초로 들여와 개장한 나라다.

네덜란드 사람들의 피 속에는 철저한 경제 개념이 흐르고 있다. 그들은 투자를 했으면 이익을 봐야 한다고 생각한다. 매사에 경제적 손익을 따져보고 득보다 실이 크다고 판단하면 미련 없이 돌아서고, 손해 보는 장사는 결코 하지 않는다.

네덜란드 엄마들은 예외 없이 자녀가 어릴 때부터 경제 마인드를 가르친다. 엄마들은 자녀를 길거리 중고 장터에 자주 데리고 나간다. 아이에게 단지 시장을 구경시키는 것뿐 아니라 직접 장터에 참여하도록 한다. 대부분의 네덜란드 아이들은 자신에게 더 이상 필요 없어진, 그러나 그냥 버릴 수 없는 가치 있는 물건을 중고 장터에 갖고 나가 적당한 값을 받고 파는 경험을 한다. 물건의 가치가 어떻게 매겨지는지, 그리고 그 가치를 통해 무엇을 얻을 수 있는지 몸소 경험한다. 책에서 배울 수 없고 말로 설명되지 않는 경제의 본 모습을 자연스럽게 체득할 수 있는 기회를 엄마들은 자녀가 어릴 때부터 만들어준다.

특히 부모가 아무리 부자더라도 자녀가 쉽게 노력 없이 무언가를 얻게 되는 상황을 반기지 않는다. 그것이 오히려 자녀에게 득보다 실이 될 가능성을 알고 있기 때문이다.

대신, 정당한 돈의 가치를 강조한다. 돈이 없다고 창피한 게 아니고 많다고 꼭 잘난 게 아니며, 돈은 그 자체로 가치 있는 객관적 실체임을 교육한다.

그러다 보니 네덜란드에서는 돈에 대해 얘기하는 것이 어색하지 않다. 돈 얘기를 주제로 삼는 것을 교양 없다고 여기지도 않는다. 그렇게 생각하는 사람이 이상한 사람이 된다.

네덜란드에서는 돈과 관련해 애매모호한 상황이 생기면 반드시 확인하고 넘어가며, 서로가 명쾌하게 대화한다. 물론 1유로 단위까지 철저한 그들의 돈 개념이 우리 관점에서는 너무 야박하게 느껴질 수도 있지만 말이다. 그들은 돈이 권력이 될 수 없음을 가르치고, 권력으로 돈을 얻을 수 없음을 가르치고, 돈은 천박한 것이 아니라 정당한 것임을 가르친다.

네덜란드 사회는 돈으로 살 수 없는 것이 훨씬 많은 나라다. 돈이 많건 적건 상관없이 모든 국민이 동등하게 누릴 수 있는 혜택이 많은 나라다. 이런 사회 분위기 덕분에 고맙게도 네덜란드 부모들은 자녀 앞에서 돈에 대해서만큼은 당당하게 옳은 논리를 펼 수 있다. 여기서 더 나아가 어떻게 하면 같은 돈으로 최대의 효과를 얻을 수 있는지 마케팅에 대한 노하우로도 자유롭게 설명한다.

돈은 우리가 살아가는 데 매우 필요한 것이다. 많으면 좋고 편리하고 자유롭지만 부족하면 그 불편함이 이만저만 아니다. 그러니 한정된 자원인 돈을 가장 효율적으로 쓰는 기술은 살아가는 데 꼭 필요하다.

우리도 자녀 앞에서 조심스럽지만 돈 얘기를 당당히 꺼내보면 어떨까 싶다. 자녀에게 돈의 가치를 알도록 해주고, 돈을 가장 효율적으로 쓸 수 있는 방법을 함께 찾아보는 양육은 일찍 시작할수록 좋지 않을까.

부모가 쓸 돈 못 쓰며 해달라는 것 다 해주어도 정작 자녀는 그 고마움을 모르는 경우가 종종 있다. 그건 바로 자녀에게 돈의 올바른 가치가 얼마나 중요한지를 가르치지 않은 탓이다.

부모가 자녀에게 조건 없이 퍼주기만 했으니 자녀는 자신이 받아온 경제적 혜택이 무엇을 희생한 대가였는지 알 리가 없다. 그때그때 필요한 물질이 그냥 자신에게 자동으로 주어지는 것이라고 여기게 된다면 아이들이 커서도 고마움을 모르는 것은 당연한 일이다.

자녀가 원하는 것이 있는데 좀 비싸다면? 무조건 사주는 게 좋지 않다는 걸 알지만 그렇다고 무조건 안 사주는 것도 마음 아프다. 그럴 때는 자녀에게 이번에는 돈이 모자라서 못 사주지만 돈을 아끼고 보태서 다음번에 좀 더 좋은 것으로 살 수 있는 기회가 있다고 이해시키는 편이 낫다. 그런데도 사고 싶다면? 그럴 때는 한정된 금액으로 어떻게 하면 그 물건을 살 수 있는지 자녀와 같이 고민해볼 수 있다. 할부로 산다면 이자를 지불해야 함을 알려주고, 깨끗한 중고 물품을 더 저렴하게 살 수 있는 방법이 있다고 알려준다. 내가 갖고 있는 것을 중고로 팔고 그 돈을 보태서 원하는 신제품을 살 수 있는 옵션도 있다.

이처럼 자녀에게 돈의 효용과 가치를 스스로 선택하도록 교육하는 부모가 되는 편이 낫다.

남의 것을 약탈하지 않고서야 이 세상에 대가 없는 공짜는 없다. 하지만 적은 돈으로 더 많은 것을 얻을 수 있는 흥정은 현명한 것이다.

4-5 체면이 뭔지 모르는 엄마

우리의 옛 선비들은 자신이 굶더라도 손님이 오면 융숭하게 대접했다. 자신들은 청렴하고 검소하게 살더라도 남에게는 부족함 없이 베푸는 것이 미덕이라 여겼기 때문이다.

이런 정신은 지금도 완전히 사라지지 않은 듯하다. 사람을 만나면 좀 형편에 버겁더라도 더 좋은 음식을 먹고 마신다. 더 나아가 그것을 SNS에 올리며 마치 자신이 누리는 매일의 일상인 양 과시한다. 여유가 많지 않아도 필요 이상의 돈을 더 쓰는 경향이 있다.

바로 체면 때문이다. 상황이 이렇다 보니 체면의 영향을 받은 양육 행태도 종종 눈에 띈다. 아이가 남들과 어울리는 자리에 가야 할 때면 내 형편보다 한층 업그레이드된 의식주를 제공한다. 더 비싼 재료를 사용한 간식을 싸 보내고, 한 해 정도만 입고 작아질지라도 유기농 코튼이라고 쓰인 천연 소재의 옷을 사 입혀 보낸다. 멋진 레스토랑에 가면 잘 사용하지도 못하는 포크와 나이프를 아이 손에 쥐어주며 어른들에게나 맛있을 법한 스테이크를 함께 썰어 먹는다.

언젠가 한 기사에서 아이들을 위한 양식 매너 교육이 있다고 해서 놀란 적이 있다. 체면 양육이 엄마들의 허영이라고 말하고 싶지 않고, 절대로 그렇게 생각하지도 않는다.

문제는 모두가 체면을 무시 못하고 살아가다 보니 그 어느 누구도 선뜻 먼저 '내 아이를 위한 체면'에서 자유롭지 못한 것이고, 그렇게 계속 체면치레의 악순환을 끊지 못하는 것 아니겠는가.

네덜란드는 유럽의 여느 나라에 비해 먹고 마시는 것이 저렴하다. 인접국가 벨기에와 비교해도 훨씬 저렴하다. 그리고 어지간한 레스토랑에는 아이들을 위한 메뉴가 준비되어 있다.

레스토랑마다 차이는 있지만 일명 어린이 메뉴인 킨더렌 메뉴(kinderen menu)는 대개 3~7유로 사이다. 우리 돈으로 5,000원 미만이거나 비싸봐야 1만 원이 안 넘는다. 또 어떤 곳은 아이를 위한 킨더렌 메뉴가 공짜다. 메뉴는 대체로 아이들이 좋아하는 치킨너겟이나 피자 또는 파스타 그리고 약간의 감자 칩과 주스 등이다. 딱 정말 아이들이 좋아할 만한 수준 그 이상도 이하도 아니다.

다섯 식구인 우리도 레스토랑에 온 가족이 식사를 하러 갈 경우 배부르게 먹더라도 식대가 크게 부담스러웠던 기억이 별로 없다. 아이들을 아이들 수준에 맞게 먹고 입히는 것이 보편적인 네덜란드이기 때문에 가능하지 않았나 싶다.

아이가 어릴 때는 그 수준에 맞는 적당한 정도가 있다. 네덜란드 엄마들은 그 적당한 수준을 절대로 넘지 않는다. 적어도 내가 네덜란드에서 지내는 동안 어린이들이 화려한 명품 브랜드를 입고 다니는 모습을 본 적이 없다. '패션' 하면 빼놓을 수 없는 프랑스, 이탈리아, 영국 등이 바로 옆에 있어 얼마든지 쉽게 구할 수 있지만 말이다.

네덜란드의 1인당 GDP는 IMF에서 2017년 발표한 자료를 기준으로 4만 5,000달러 정도다. 프랑스와 영국은 3만 7,000달러, 이탈리아는 2만 9,000달러가량이니 그들보다 소득 수준이 훨씬 높은 셈이다.

그러나 네덜란드의 최고급 백화점에 가더라도 아이들을 위한 고가의 명품 브랜드는 잘 눈에 띄지 않는다. 찾는 이가 별로 없으니 파는 이도 별로 없다. 네덜란드제 고급 아동 브랜드도 딱히 없다. 타이어가 크고 도시에서 실용적으로 끌 수 있는 유모차로 유명한 부가부(Bugaboo) 정도가 있을 뿐이다.

네덜란드 엄마들은 체면이라는 단어를 이해하지 못한다. 그들은 굳이 체면을 위해 비용을 더 지불하는 이유를 납득하지 못한다. 그런 엄마들이 1년 혹은 단 몇 개월만 입을 옷과 신발에 큰돈을 쓸 리 만무하다. 대신 그들은 다른 곳에, 훨씬 더 쓸모 있는 곳에 기꺼이 그 돈을 사용한다. 불필요한 지출을 아껴 아이에게 정말 필요한 곳에 쓴다.

이제 막 1인당 국민소득 3만 달러에 진입한 우리나라에서 아이들을 위한 명품 시장은 놀라우리만큼 불황이 없다. 정작 부잣집에서는 불필요한 지출을 아끼는데, 그리 부자도 아닌 집에서 아이들을 위한 사치성 지출을 하는 격이랄까.

한정된 자원인 돈을 어떻게 쓰는 것이 현명한 일일까. 무엇이 더 내 아이를 위하는 길일까. 그 선택은 엄마들에게 달려 있다.

4-6
세계적 갑부 네덜란드 상속녀가 사는 법

네덜란드 맥주 하이네켄(Heineken)을 아는가. 초록색 병이 트레이드마크인 하이네켄은 네덜란드 대표 맥주 브랜드이자 글로벌 기업이다. 150년 전, 하이네켄 맥주의 창업자 헤하드 아드리안 하이네켄(Gerard Adriaan Heineken)이 암스테르담의 한 양조장을 인수하며 맥주 사업에 뛰어들었고 1873년 하이네켄이란 브랜드를 출시했다. 하이네켄은 현재 250여 종에 달하는 프리미엄 맥주를 전 세계에 판매하는 세계 3위의 글로벌 맥주 기업으로 도약했다.

창업주의 증손녀 샤를린 드 카르발료 하이네켄(Charlene de Carvalho Heineken)은 하이네켄 그룹의 유일한 상속녀다. 그는 네덜란드 재산 순위 1위에 오른 부호이자 세계 여성 부자 랭킹 5위 안에 드는 슈퍼리치다. 하이네켄의 최대 주주인 그의 재산은 무려 125억 달러, 우리 돈으로 13조 6,000여 억 원에 달한다. 실감도 나지 않는 어마어마한 재산이다.

그런 그의 삶은 바로 전형적인 네덜란드 부자들의 모습을 대표한다. 샤를린은 지난 2002년 아버지 프레디 하이네켄(Freddy Heineken)이 세상을 떠날 때까지 평범한 가정주부의 삶을 살았다. 아들 둘 딸 셋, 아이 다섯을 키우면서 뱅커로 일하고 있는 남편과 런던에서 조용하고도 평범한 삶을 살아왔다. 수줍음이 많은 그는 어릴 때 카페마다 자기 이름이 걸려 있는 게 싫었다고 회고했다. 지금도 그렇지만 맥주를 파는 펍이나 카페에는 영락없이 하이네켄 마크가 붙어 있다. 또한 그는 일절 미디어에 모습을 드러내는 법이 없었다. 네덜란드 최고 부호의 딸이면 유명세를 탔음직도 한데, 그는 철저하게 조용하고 평범한 삶을 살았다. 물론, 네덜란드 사람들도 유난스럽게 최고 부호 자녀의 삶을 궁금해하거나 애써 캐내지 않았다. 샤를린은 학교에도 기사 없이 엄마와 차를 타고 갔고, 가족들과는 늘 단출한 저녁을 보내곤 했다. 가족이 저녁 식사 식탁에 둘러앉아서 스파게티와 미트볼을 먹으며 TV를 보는 것으로 하루를 마무리하곤 했다. 여느 평범한 네덜란드 가정과 다를 바 없는 모습이다.

샤를린에 의하면 그의 아버지는 자신이 그저 행복하기만을 바랐으며, 어릴 때 외국으로 유학을 떠나는 대신 네덜란드 레이던 대학에 진학한 뒤 평범하고 착한 옆집 총각과 결혼해서 같이 사는 걸 원했다고 한다. 물론 샤를린은 자신의 선택에 따라 스위스와 뉴욕 등지에 프랑스어와 사진을 공부하러 가기는 했지만 말이다. 그렇게 지내던 샤를린은 런던에서 남편이 벌어다주는 월급으로 아이를 키우며 평범하게 살았다. 당시 그는 25.6유로 정도 하는 하이네켄 주식 단 한 주 외에 하이네켄의 재산은 전혀 갖고 있지 않았다.

그런데 아버지 사망 이후 1억 주의 하이네켄 주식을 상속받으면서 하이네켄의 지분 1/4을 소유하게 됐다. 당시 샤를린 부부는 샤를린이 지분을 포기하고 지금껏 런던에서 살던 대로 가정주부의 삶을 살 것인지, 하이네켄의 지배 주주(controlling share holder)로서 아버지 역할을 뒤이어 맡을 것인지 고민했다. 그들 부부는 아이 다섯을 키우는 것이 8만 5,000명의 하이네켄 직원을 이끌어가는 CEO보다 더 힘든 일일 수 있다고 말했다. 결국 하이네켄을 위해 일하기로 결정한 샤를린은 책임감을 갖고 자기에게 주어진 지금의 이 기회에 감사하며 경영 공부를 열심히 하겠다고 말했다.

샤를린의 다섯 자녀들도 장남 알렉산더르를 제외하고는 인터넷 마케팅, 영화 제작, 음악 등 각자 자기 분야를 개척하며 열심히 살고 있다. 샤를린은 자녀에게 이렇게 교육했다.

"만약 네가 열정이 있고 일을 추구할 능력이 있다면 그것을 좇으렴. 네가 해야 한다고 여겨지는 일보다 네 열정을 따랐을 때 너는 더 성공적인 삶을 살게 될 거야."

중년을 맞아 하이네켄 그룹의 상속녀가 된 뒤 드디어 미디어에 모습을 드러낸 샤를린은 그 의상조차도 매우 평범했다. 튀지 않는 무난한 재킷에 평퍼짐한 바지를 입고 있는 그 모습이 영락없이 편안한 이웃집 동네 아주머니 같다고 해도 과언이 아니었다. 전혀 거리감이라고는 느껴지지 않았다.

상속녀라고 했을 때 우리가 흔히 떠올리는 이미지는 럭셔리한 삶이다. 값비싼 옷과 명품을 온몸에 두르고, 유명 인사들과의 파티에 참석하며, 전세기를 이용해 세계를 여행하고, 때만 되면 휴양지에서 프라이빗한 휴가를 즐기며, 가끔씩은 구설에 오르거나 파파라치 샷으로 미디어에 포착되는 그런 화려한 모습 말이다.

그러나 네덜란드 최고의 부호이자 전 세계 여성 중 재산 랭킹 5위에 드는 샤를린은 우리의 예상을 완전히 벗어난 삶을 보여주었다. 삶에 대한 그의 자세는 매우 진지하다. 어마어마한 돈을 가짐으로써 인생을 즐기고 우월감을 느끼는 것이 아니라, 자신이 현재 어떤 자리에 섰으며 앞으로 무엇을 해야 할지 삶의 목표에 충실했다. 진중한 태도로 삶을 고민하고, 삶의 방향을 결정하는 자세를 가졌다. 샤를린이 보여준 이 삶의 방식은 네덜란드 대부분 부자들의 모습과 크게 다르지 않다.

우리는 자녀에게 돈의 가치를 어떻게 가르칠 것인가. 자녀가 돈을 만지게 됐을 때, 그것도 어마어마한 재산을 갖게 됐을 때 어떻게 살아가야 한다고 말해야 할까. 그 답이 여기에 있다.

강남 엄마보다 내공 있는 네덜란드식 교육열: 진짜 성공하는 공부

The Power of
Dutch Mother

5-1
자녀를 떼어놓으며 윈윈의 길로 들어서기

아이를 사랑하는 부모 마음은 똑같은데, 간혹 아이의 미래와 행복을 위한다는 미명하에 지금 내가 아이에게 시키고 있는 모든 활동이 과연 타당한지 한번 생각해봐야 한다.

우리 사회에서는 아이가 공부를 잘 못하면 엄마 탓, 잘하면 엄마 덕이기 때문에 '죽어라고' 공부시키고 학원을 보낸다. 이건 아니라고 생각하지만, 엄마에게도 나름의 이유가 있다. 좋은 대학 나온 엄마의 자녀가 공부를 잘하면 "오호, 엄마가 공부를 잘 했으니 당연하지"라는 칭찬이 따른다. 그리고 좋은 대학 나온 엄마의 자녀가 공부를 못하면 "엄마가 공부를 너무 쉽게 생각해서 애 성적에는 신경을 안 썼군"이라는 비난이 따른다. 그러니 공부를 못했던 엄마의 자녀가 공부를 못할 경우 주변에서 알게 모르게 보내는 지탄 어린 눈길을 말 안 해도 알 만하다.

비단 이런 사회적 편견 때문이 아니더라도 아이가 일단 공부를 잘해야 한다는 생각에는 이견이 없다. 결국 아이의 성적은 엄마와 떼려야 뗄 수 없는 밀접한 관계가 되어버렸다. 요즘 아이들은 다 커서도 자립심이 없다. 사회에 나가서도 뭘 어떻게 해야 할지 모른 채 직장 생활의 팁마저도 엄마에게 묻는 경우가 왕왕 있다. 그 때문인지 결혼한 뒤에도 엄마의 그늘 아래에서 쉽게 벗어나지 못하고 의지하는 경우가 적지 않다. 길게 봤을 때 그것 또한 양육일까. 그렇다면 자녀 양육은 도대체 언제쯤 끝나는 걸까.

네덜란드 사회를 보면 이러한 양육 방식이 궁극적으로 아이에게 큰 득이 되지 않음을 알 수 있다. 네덜란드 사회는 남 신경 안 쓰고, 남 눈치 안 보고, 내 개성과 나만의 능력이 존중받는 사회다. 그리고 모든 사람은 자유로울 권리가 있고, 직업이나 여타 개인적 배경과는 상관없이 인간은 평등하다는 인식이 뿌리 깊게 박혀 있다.

실로 꿈같은 사회라는 생각이 들지 않는가. 동시에 지금 우리 현실을 생각하면 한숨이 나지 않는가. 우리도 당연히 이런 사회에서 아이를 키우고 싶다. 획일적이고 개성이 말살된, 그러면서 성적으로만 혹은 일의 성과로만 평가받고 남 눈치 보느라 자유롭지 못한 사회에 내 아이를 내보내고 싶지는 않을 것이다. 그런데 이런 '꿈같은' 사회는 엄마가 자녀를 어떻게 양육하는가에 따라 만들어지기도 하고 영영 멀어지기도 한다.

네덜란드 엄마들은 자녀를 과감하게 분리시킨다. 인격적으로 분리시킨다. 그럼으로써 '독립적'이고 '사회적 자유'와 '평등'을 존중하는 사람으로 성장하도록 뒷받침한다. 모든 엄마가 이런 모토 속에 자녀를 키우니 사회 전체적으로 이를 당연시하고 존중하는 것은 자연스러운 결과다.

네덜란드 부모들은 자신의 성취와 관련해서도 자녀를 철저하게 분리시킨다. 자녀가 '잘난' 부모의 직업을 따라서 가질 필요도 없고, 아무도 그걸 기대하지 않는다. 자녀가 공부를 잘하건 못하건 심지어 나쁜 짓을 했을 때도 그다지 부모와 결부시켜 생각하지 않는 경향이 있다. 또 자녀의 성적이나 약점에 대해 부모가 죄책감을 크게 갖지 않는 편이다. 그리고 자녀를 남의 아이와 절대로 비교하지 않는다. 세상은 'one size' 아이들을 기대하지 않기 때문이다.

무엇보다도 자녀는 자녀이고 엄마는 엄마다. 당연히 네덜란드 엄마들은 자녀에게 온전한 주체성을 부여한다. 자녀의 개성과 강점과 약점은 오로지 자녀의 것이다. 부모의 탓도 부모의 덕도 아니라는 사실을 사회 전체가 인식하고 있다. 네덜란드 엄마들은 자녀가 독립심과 자신감 그리고 책임감 있는 어른으로 성장할 수 있도록 기대한다.

그 결과 네덜란드는 덜 경쟁적인 사회가 되었고, 엄마는 자녀로 인한 죄책감에 덜 시달린다. 그러나 가장 눈여겨볼 부분은 네덜란드 아이들이 '세상에서 가장 행복한 아이들'이 되었다는 사실이다.

우리나라 엄마들은 하지 않아도 될 걱정과 자책으로 힘들어한다. 아이가 이유식을 잘 안 먹으면 "내가 맛없게 만들었나보다", 아이가 그림을 잘 못 그리면 "학원에 진작 보냈어야 했는데 내 탓이야", 아이가 기저귀 습진이 생기면 "빨리빨리 갈아줬어야 하는데" 하며 모든 잘못을 스스로에게 돌리고 힘들어한다.

하지만 이제 나와 아이를 좀 분리해야 한다. 자녀가 성공할 수만 있다면 내 인생 하나쯤 희생할 가치가 있다는 생각이 꼭 옳을까. 자녀가 잘되면 물론 좋겠지만 엄마가 '빈둥지 증후군'을 견뎌낼 만큼 내면이 강한지도 살펴봐야 한다. 내 인생도 즐기면서 자녀를 잘 보살필 수 있는 적정선을 찾아야 한다. 자녀에게 자신을 옭아매지 말고 좀 더 넓은 세상으로 눈을 돌리고 엄마 스스로의 삶을 예쁘게 가꿔나가야 한다. 이때 자녀가 독립적인 성인으로 성장하는 것은 보너스로 따라온다.

5-2
세계 1위 네덜란드 아이들의 영어 교육 비법

네덜란드 사람들의 영어 실력은 공인된 세계 1위다. 영어 능력의 국가별 순위를 나타내는 EPI(English Proficiency Index)에 따르면, 72개 국가 중 네덜란드가 단연 최고다. 아시아 국가 중에는 싱가포르 6위, 말레이시아 12위, 필리핀 13위, 인도 22위에 이어 우리나라는 27위에 머물러 있다. 일본은 35위, 중국은 39위를 기록했다는 걸 위로 삼아야 할지도 모르겠다.

네덜란드 엄마들의 영어 교육 비법은 도대체 무엇이기에 세계에서 영어를 가장 잘하는 국민이 된 걸까. 반면 태어나면서부터 영어를 시작해 직장생활을 하는 동안에도 계속 끈질기게 영어를 붙잡고 있음에도 우리나라의 영어 실력은 왜 겨우 27위에 머물러 있을까.

결론부터 말하자면, 네덜란드 엄마들의 영어 교육 방식은 우리나라와 정반대다. '영어'가 갖는 의미 자체가 우리와 다르다. 네덜란드 엄마들은 영어가 아이의 삶에서 매우 유용한 수단이 될 것이라고 여긴다. 무엇보다도 영어는 편하고 자연스러워야 한다고 믿는다. 점수를 올리기 위한 학원식 교육으로는 제대로 된 영어를 익힐 수 없음을 잘 안다. 네덜란드에서 '영어를 잘한다'는 것은 언제 어디서나 편하게 영어로 소통하고, 영어를 수단으로 무엇이든 할 수 있음을 의미한다. 즉 네덜란드 엄마들에게 영어란 실용 언어이자 어떤 목적을 달성하는 데 요긴한 일차원적 도구다. 영어 자체를 목적으로 바라보며 점수 경쟁을 하는 걸 무의미하고 비효율적이라고 여긴다. 그렇기 때문에 네덜란드에는 우리나라와 같은 영어 주입식 교육이 없다. 자연히 영어 사교육 시장이라는 것도 존재하지 않는다.

그렇다면 그들은 어떻게 세계에서 가장 영어를 잘하는, 엄밀히 말하면 공인 영어 시험 점수가 가장 높은 아이들을 키워냈을까. 네덜란드 엄마들은 아이에게 자연스러운 영어 환경을 조성해줄 뿐이다. 시험 성적을 위한 영어 공부에는 관심이 없다. 영어로 대화하고 영어책을 읽고 영어로 자료를 찾아볼 수 있도록 격려한다. 영어를 학원에 앉아 배우는 것이 아니라 일상에서 경험하고 몸소 활용할 수 있는 철저한 수단으로 활용한다.

네덜란드 사람들은 아이 어른 할 것 없이 기회만 있으면 신나게 영어를 쓴다. 마치 자신의 영어 실력을 검증해보는 데 흥미를 갖고 있는 사람들 같다. 네덜란드 아이들은 어릴 때부터 만화 영화나 각종 TV 프로그램을 영어 그대로 듣는다. 외국의 스타들이나 재미난 해외 토픽도 영어로 접한다. 이렇듯 영어가 생활화돼 있다. 발음이나 문법, 다시 말해 완벽한 영어를 구사하기 위해 노력하지 않는다는 것이다. 영어를 자연스럽게 보고 듣고 쓰는 환경을 바탕으로 영어 최강대국으로 우뚝 설 수 있었다는 얘기다.

이렇게 허무하리만큼 간단한 방법을 통해 네덜란드 사람들은 세계에서 영어를 가장 잘하는 민족이 되었다.

또 하나 덧붙이자면, 네덜란드 엄마들은 아이들과 함께 영어의 일상화, 영어의 생활화에 참여하고 있다. 아이들과 마찬가지로 엄마들도 일상에서 영어를 읽고, 쓰고, 말한다. 아이들은 영어를 편안하게 대하는 엄마를 보며 자란다. 따라서 네덜란드 아이들에게 영어란 부담스럽고 어려운 과목이 아니다.

영어 공부를 위해 인생의 많은 시간을 투자하는 나라는 아마 한국이 둘째가라면 서럽지 않을까 싶다. 특히 영어 사교육 시장을 들여다보면 놀랍기 그지없다. 초등학생에 불과한 아이들이 미국의 역사, 지리, 사회, 경제에 대한 길고 어려운 단락을 읽고 척척 문제를 푼다. 무겁고 어려운 주제를 던져줘도 그걸 갖고 완벽한 에세이를 쓴다.

이렇게 영어를 공부하는데도 우리에게는 영어가 부담스럽다. 평생 부담스러운 숙제다. 영어 공부를 안 해도 되는 인생을 생각해본 적이 있는가. 유아기 때부터 영어 공부를 안 해도 된다면, 대학에 가서도 영어 공부를 안 해도 된다면? 얼마나 삶이 여유 있고 홀가분할지 상상만 해도 행복하다.

입시 경쟁이 치열하기 때문에 어쩔 수 없다고, 또 이렇게 공부하지 않으면 아이가 좋은 대학에 갈 수 없다는 이유로 지금의 영어 교육 현실을 무작정 따라가는 것을 나는 반대하고 싶다. 영어는 그 자체가 목적이 아니고 수단일 뿐이다.

영어는 분명 잘해야 한다. 왜냐하면 우리 아이들이 살아갈 세상은 지금보다 더 글로벌화할 테고, 만국 공용어인 영어가 지금보다 더 유용할 것이기 때문이다. 그래서 더더욱 네덜란드와 같은 영어 교육이 필요하다.

네덜란드처럼 우리 아이들도 영어가 자연스럽도록 만들어주자. 영어 문제를 기막히게 풀고, 영어 문법책을 모두 외우고, 영어로 틀에 박힌 작문을 완벽하게 적어내는 것만으로는 영어가 편안하고 자연스러워질 수 없다. 완벽한 문법을 구사하느라 머릿속에서 우물쭈물하는 것보다 다소 문법이 좀 틀리더라도 자신 있고 당당하게 영어를 뱉어내는 것이 더 중요하다. 복잡한 문단을 해석하는 것보다 상대의 말과 의견을 정확히 알아채고 그에 맞게 재치 있는 반응을 보이는 것이 훨씬 유용하다. 영어를 매개로 다른 사람과 어울리고 소통하는 것이 중요하다. 이는 분명 입시 위주의 영어 공부보다 한 단계 높은 차원이다.

사실 국가 차원에서도 영어에 대한 정책 기조는 네덜란드와 우리나라가 매우 다르다. 네덜란드는 자국의 세계화를 위해 영어가 유용하며 모든 국민이 영어를 잘해야 한다는 기조다. 반면 우리나라는 어떻게 하면 영어 교육이 가져오는 각종 부작용에서 벗어날까 궁리하는 데 민감하다. 영어 사교육이 과열되다 보니 영어가 계층 간 갈등 유발 요소가 되고 말았다. 엉뚱하고 희한한 결과다. 어쨌거나 현실이 이러니 정권이 바뀔 때마다, 혹은 교육 정책의 기조를 수정할 때마다 영어 수업을 더 자율화할 것인가, 금지해야 할 것인가를 갖고 다툰다. 이는 매우 소모적인 정치 싸움일 뿐임을 엄마들이 부디 알고 휘둘리지 않길 바란다.

영어 교육은 더 확대돼야 한다. 그러나 그 방향은 가급적 많은 국민이 영어를 더 잘 말하고 잘 알아듣고 잘 소통할 수 있는 쪽으로 가야 한다. 앞으로 우리 아이들의 세대에는 영어가 더 필요하다. 단순히 영어 교육의 부작용을 방지한다는 미명 아래 '영어 사교육 금지', '영어 조기 교육 금지'만이 능사는 아니다.

5-3
공부 경쟁보다 더 신경 쓰는 이것의 힘

한때 우리나라는 한 집안에 공부 잘하는 아들 한 명을 위해 온 식구가 뒷바라지를 하던 시절이 있었다. 대학이 곧 성공으로 향하는 관문이었으며, 어떤 대학을 나왔는지가 학연으로 이어지고 가난에서 탈출하는 든든한 인적 자원을 보장해줬다. 어느 정도 살 만한 나라가 된 지금도 이런 현상은 크게 바뀌지 않은 듯 보인다.

엄마들은 자녀가 가급적 좋은 대학에 가서 좋은 학연을 형성하길 바란다. 그래서 어마어마한 시간과 에너지 그리고 돈을 소비한다. 안됐지만, 좋은 대학 졸업장이 성공을 보장해주던 시대는 이제 끝났다. 분명 교육과 양육의 패러다임이 바뀌어야 할 시점이 왔다. 허나, 뭘 어떻게 해야 할지 모르기 때문에 여전히 엄마들은 과거의 낡은 패러다임에 갇혀 점점 더 강도 높은 노력을 자녀에게 강요하고 있는지도 모른다.

무엇을 어떻게 해야 할지 모르겠다면 네덜란드 엄마들의 교육관을 강력하게 추천하고 싶다. 사회 구조와 분위기가 우리 현실과 맞지 않다고 해서 외면하고 말 문제는 아니다. 물론 그러한 선택도 엄마의 몫이지만 말이다.

그러나 내 아이의 미래를 위해 최대한 많은 가능성을 들어보고, 다른 방향으로도 진지하게 생각해보고, 받아들일 부분이 있다면 과감히 적용하는 노력조차 하지 않는 것은 게으르다고밖에 말할 수 없다.

세상을 살아가는 방법에 정답은 없다. 내 아이의 장점이 있는데 그걸 찾아주기는커녕 남들이 가는 좁은 길만 맹목적으로 좇다가 후회한들 그때는 정말 늦어버린다.

사설이 길었지만, 한마디로 네덜란드 엄마들은 대학을 '공부가 좋고 공부를 잘하면 가는 곳'이라고 생각한다. 여기에는 공부가 싫고 못하면 안 가야 하는 곳이라는 의미도 포함된다.

공부를 잘하건 못하건, 공부가 좋건 싫건 무조건 성적을 올려 좋은 대학에 갈수록 더 잘되는 것이 아니다. 대학은 아이의 미래를 위한 여러 가지 선택지 중 하나일 뿐이다.

한국 엄마들은 그래도 대학을 나와야 '사람대접'을 받는다고 말한다. 과거에는 그랬을 수도 있다. 하지만 지금은 다르다. 적당히 성적 맞춰 대학에 가고 적성에도 안 맞는 학과를 졸업한들 취직조차 어렵다. 그러니 '사람대접'을 받기 위해서는 대학 4년 내내, 그리고 졸업 후에도 뭔가 그럴듯한 직업을 갖기 위해 엄청난 노력을 기울여야 한다. 이 노력이 평생 남들보다 잘할 수 있는 어떤 일을 하기 위해서라면 다행이다. 그러나 대부분은 남들 많이 지원하는 곳에 원서라도 내려고 스펙을 쌓는 게 고작이다. 언제까지가 될지도 모를 무한 경쟁에 들어서는 피곤한 삶이다.

내가 이런 얘기를 하면 대부분의 반응은 이렇다.

"그 말은 맞지만 아무리 그래도 남들이 선망하는 안정적인 직업을 갖기 위해서는 일류대 인기 학과에 가야 하고, 이를 목표로 초등학교 때부터 치열한 입시 경쟁을 해야 합니다. 안 그러면 딱히 대안이 있나요?"

틀린 말은 아니다. 엄마의 바람대로 '잘'되거나 아니면 그에 못 미쳐도 '어느 정도'는 될 수 있으리라는 계산이다. 아이가 공부를 못해도 학원 보내 억지로라도 성적이 나오도록 해야 엄마 역할을 다 했다고 보는 것이다.

하지만 내 아이가 과연 그렇게 공부에 소질이 있는지 냉정하게 살펴보는 것이 먼저다. 공부로 승부했을 때 승산이 낮다면, 다른 길을 찾아주고 더 잘될 수 있도록 밀어주는 것이 바로 엄마의 몫이다.

지금 좋아 보이는 직업이 20년 뒤에도 그럴까. 믿을 수 있는 것은 딱 하나다. '내 아이가 누구보다도 잘할 수 있는 그 무엇'이다. 그러니 여기에 승부를 걸어야 한다.

내 아이가 적성을 살리고 일류가 되기 위한 도전을 이어가야 엄마가 원하는 '사람대접' 받으며 살아갈 수 있는 미래가 활짝 열린다.

네덜란드 엄마들은 일률적 잣대를 들이대며 다른 아이와 내 아이를 경쟁시키지 않는다. 내 아이가 실력보다 더 높은 그룹에 가서 고전하는 것도 원치 않는다. 딱 적성에 맞는 일을 하고, 거기서 앞서 나가고, 행복한 삶을 영유하도록 격려한다. 또 반드시 남들보다 돈을 많이 벌고 높은 지위에 있다고 해서 더 잘나가는 삶이라고 생각하지도 않는다. 행복의 기준은 스스로에게 있음을 잘 알고 있기 때문이다.

이런 네덜란드 엄마들의 교육관이 모두가 사람답게 잘사는 사회 구조를 만들었고, 모든 인간의 가치가 평등한 사회 분위기를 만든 것이다.

5-4
글로벌 인재를 만드는 그들의 세계화 전략

네덜란드는 세계화가 가장 잘 돼 있는 나라다. 세계적 운송 회사 DHL이 몇 년 전부터 집계하기 시작한 글로벌 연결지수(Global Connectedness Index)에서 네덜란드는 단연 1위를 차지했다. 유럽의 서쪽 구석에 콕 박혀 있는 네덜란드는 면적이 우리나라 경상남북도를 합친 정도에 불과하고, 인구도 2,000만 명이 채 안 되는 작은 나라다. 그러나 놀랍게도 네덜란드는 현재 국제 무대의 중심에 있다. 작은 나라이지만 세계적인 기업과 다양한 국제기구가 네덜란드로 모여들고 있다.

IBM이 발간하는 리포트에 따르면 2017년 네덜란드는 외국인 직접 투자를 통한 고용 창출이 가장 높은 나라다. 특히 암스테르담, 로테르담 등의 대도시는 지속적인 성장세를 보이며 외국인 투자자들에게 세계 최적의 장소로 인식되었다. 국제 시장으로서 뛰어난 접근성과 글로벌 유통 공급망이 우수하기 때문이다.

게다가 헤이그는 명실공히 국제법 도시이자 국제 행정 도시다. 헤이그에 있는 주요 국제기구만 해도 국제형사재판소, 국제사법재판소, 유고전범재판소, 유로저스티스 등 꽤 많다. 거리를 걸어 다니는 사람들 10명 중 한 명은 외교관 신분이라는 말이 있을 정도로 헤이그는 국제화된 도시다. 헤이그 도심은 분위기가 결코 아기자기하거나 화려하지는 않지만 걷다 보면 어느새 품위와 격조가 느껴진다. 점잖고 질서 정연하면서도 자유와 평화로움이 공존하는 국제도시의 웅장한 면모가 스며 있다. 참고로, 고종황제가 을사늑약의 부당함을 세계에 알리고자 1907년 이준, 이상설, 이위종 특사를 보낸 만국평화회담이 열렸던 장소 역시 헤이그다.

유럽 변방에 위치한 네덜란드가 세계의 중심이 되고 또한 그들 자신도 세계로 뻗어나갈 수 있었던 이유는 바로 세계화의 필요성에 대한 국민적 합의가 있었기 때문이다. 인구도 적고 땅도 좁은 나라가 번영하기 위해 세계화는 필수다.

네덜란드 엄마들은 자녀가 세계 무대로 진출하는 것을 장려한다. 세계 무대 진출이라고 하니 뭔가 거창해 보이지만 네덜란드 엄마들 관점에서 세계화는 비싼 유학을 보낸다거나 해마다 해외로 여행을 다니는 게 아니다. 소박한 일상에서부터 자녀의 세계화를 실천한다.

그들의 세계화는 다양성을 자연스럽게 받아들이는 태도를 통해 이뤄진다. 타국의 문화, 외국인, 나와 다른 관점 등을 편견 없이 받아들이고 존중하는 법을 가르친다. 단적으로, 나는 네덜란드에서 인종 차별을 겪어보지 못했다. 딱히 어떤 나라라고 콕 짚어 밝힐 수는 없지만 그동안 여러 나라를 다니며 알게 모르게 은근한 인종 차별을 느낀 적이 종종 있었다. 하지만 네덜란드에서는 피부색이 다르고, 머리카락 색이 다르고, 체격이 왜소하다고 해서 사람을 다른 눈으로 바라보고 차별하는 경우가 없다. 네덜란드에 사는 동안 외국인도 동등하게 대접하고 똑같이 바라보는 그들의 태도에 안도했고, 심지어 고맙기까지 했다.

하루는 공영 방송에서 세계 게이 축제인 '게이 프라이드'를 대대적으로 보도하는 것을 보고 깜짝 놀란 적이 있다. 전 세계 게이들이 모여서 1년에 한 번 한바탕 축제를 벌이는 것이다. 방송은 게이를 찬성한다거나 반대한다거나 하는 가치를 담지 않았다. 단지 성소수자들의 활동을 지극히 객관적으로 보도할 뿐이었다. 사람들도 공영 방송의 이런 프로그램을 두고 옳다 그르다 하는 토론을 벌이지 않았다. 그냥 덤덤하게 시청한다. 네덜란드가 동성간 결혼을 세계 최초로 합법화한 나라이지만 그렇다고 게이 문화를 요란하게 지지하지도 않는다. 그들 입장에서는 그저 다양성을 인정하는 것 그 이상도 이하도 아니다.

내가 살던 동네에서 꽤 가까운 곳에 느닷없이 난민 수용소가 몇 개월 동안 들어선 적이 있었다. 동네 마트에는 못 보던 행색의 사람들이 간혹 눈에 띄었고, 한눈에 봐도 난민으로 보이는 어두운 표정의 남자들이 거리를 활보했다.

나는 왠지 두렵고 꺼림칙해 언제쯤 난민 수용소가 철수할지 궁금했다. 하지만 정작 동네 사람들은 크게 동요하지 않는 모습이었다. 마트의 종업원도, 길을 걷는 행인도 그들을 보는 시선이 크게 다르지 않았다. 여전히 친절하고 밝고 쾌활하게 그들을 응대하는 모습이 꽤나 인상 깊었다. 되레 인종차별 없는 네덜란드라서 안심하던 내가 난민을 향해 차별적 태도를 가졌다는 게 머쓱했다.

우리나라보다 잘사는 나라 사람들 앞에서 주눅 들고, 우리보다 못 사는 나라 사람들 앞에서 기고만장하는 행태가 남아 있다면 세계화는 요원하다. 선진국의 의식주를 많이 경험하고 선진국의 문화에 익숙하다고 해서 세계화가 잘됐다고 자랑스럽게 말하는 것도 우습다. 미국 사람들 앞에서는 영어를 잘 못하면 얼굴이 벌겋게 달아올라 더듬더듬 어떻게든 소통하려고 진땀을 빼면서, 동남아시아 노동자들 앞에서는 함부로 말을 내뱉고 그들의 한국어 발음을 이상하다고 무시한다면 반쪽짜리 세계화다. 세계화는 세계의 모든 다양한 문화를 동등하게 존중할 때 이뤄진다.

네덜란드 사람들의 그런 세계화 마인드가 국제기구와 외국 기업을 네덜란드로 모이게 한 원동력이다. 바로 이런 세계화 교육을 통해 네덜란드 엄마들은 자녀가 전 세계 어디에서도 수월하게 적응하고 자기 역량을 펼칠 수 있도록 바탕을 깔아준다.

5-5 부모가 밀어주는 네덜란드의 전문직

네덜란드는 세계적인 낙농 강국이다. 간혹 네덜란드에서 살다 왔다고 하면 이렇게 묻는 사람이 있다.

"거긴 마약도 많고, 성도 너무 개방되어 있고, 좀 지저분하지 않아요?"

전혀 모르고 하는 얘기다. 정반대다. 하긴 나도 가서 살아보기 전까지는 몰랐다. 대개 네덜란드에 가면 암스테르담 중앙역 앞의 홍등가를 중심으로

한 전형적인 좁은 관광 지구를 돌아본다. 그 외는 잘 알려져 있지 않다. 네덜란드에서는 마리화나를 정해진 장소에서 구매해 피우는 것이 합법화되어 있고, 홍등가에서도 합법적으로 매춘 행위가 이뤄진다. 그러나 그런 곳엘 가는 사람은 대부분 관광객이며, 이런 행위가 공개적으로 안전한 법의 테두리 안에서 이뤄진다는 점을 알아야 한다.

네덜란드에서는 길거리에서 술 마시는 것이 불법이다. 당연히 술 취해서 휘청거리며 갈지자로 다니는 사람도 없다. 젊은이들도 밤에 맥주 한두 잔 정도 마시고 담소를 나누다가 각자의 집으로 돌아가는 게 보편적이다. 밤늦게까지 휘황찬란한 네온사인 아래서 흥청망청 먹고 마시며 돌아다닐 곳도, 그런 사람도 없다.

대부분의 네덜란드 땅은 평화롭고 한적한 농장 지대다. 차를 타고 달리면 고속도로 양쪽으로 펼쳐진 농장에서 소와 양 그리고 말들이 한가롭게 풀을 뜯고 있는 광경이 이어진다. 네덜란드는 미국에 이어 세계에서 가장 많은 낙농 식품을 수출하는 국가다. 현대 정보통신 기술을 농업과 접목시켜 효율성을 극대화하는 스마트 파밍(smart farming) 덕분이다. 유럽 국가 중에서도 단연 앞선 기술이다.

이런 세계 최강의 낙농업은 가정에서부터 낙농업을 전문직으로 인정하고 기꺼이 자녀가 그 길을 걸을 수 있도록 지원하는 데서 힘을 받았다. 네덜란드에는 가족 단위로 운영하는 농가가 꽤 많다. 세대를 거듭할수록 농부의 자녀들은 좀 더 선진 기술을 배우고 농업의 전문성을 세련되게 발전시킨다. 이런 분위기가 다른 직종에도 번져 있기 때문에 결국은 모든 직업군이 나름의 전문직이다. 그렇게 해서 다 같이 잘사는 나라가 되었다. 그 누구도 다른 사람의 직업 세계를 함부로 비하하지 않는다.

네덜란드 엄마들은 아이에게 특정 직업을 강요하지 않는다. 내가 못 이룬 꿈을 이루게 하려고 아이한테 자신의 희망을 투영시키지도 않는다. 적성에 맞는 직업이 아이에게 가장 좋은 직업이라고 믿기 때문이다. 사회 전반에 이런 의식이 깔려 있는 덕분에 네덜란드 사회는 직업에 대한 평등한 가치가 존재한다. 특정한 직업을 선망하거나 기피하는 경향이 매우 적다.

네덜란드는 어떤 직업을 갖더라도 열심히 일하면 큰 걱정 없이 노후가 보장되는 사회 복지의 틀이 확실하다. 이는 내 아이가 가고 있는 길에 대해 국가적 차별이나 불이익이 생기지 못하도록 엄마들이 눈을 크게 뜨고 바라보고 있기 때문 아닐까. 기존의 제도에 순응해 내 아이를 끼워 맞추는 게 아니라 내 아이가 당당하게 자신의 길을 갈 수 있도록 사회를 감시하고 국가에 요구하는 것이야말로 네덜란드 엄마의 큰 힘이다.

5-6 세계 최장신 오렌지 군단을 만든 저력

네덜란드에 가면 눈에 띄는 것이 그들의 건장한 체격이다. 남녀노소 가리지 않고 모두 키가 크고 늘씬하다. 네덜란드 사람들은 세계에서 평균 신장이 가장 크다. 남자는 평균 184센티미터, 여자는 평균 171센티미터다. 신발 사이즈 300이 넘는 사람도 수두룩하다. 게다가 살찐 사람을 찾아보기 힘들다. 네덜란드에서는 소아 비만으로 고민하는 부모가 우리에 비해 적다. 금발 머리를 휘날리며 걸어가는 크고 늘씬한 네덜란드 아이들을 보면 마치 모델이 잡지에서 튀어나온 것 아닌가 싶다. 이런 우월한 체격 조건은 운동 덕분이다.

네덜란드는 스포츠 강국이다. 두말할 필요 없이 가장 잘 알려진 종목은 축구다. 일명 오렌지 군단 네덜란드의 축구 실력은 2002년 월드컵 당시 히딩크 감독을 통해 우리에게 강하게 각인됐다. 또 하나는 스피드 스케이트다. 동계 올림픽 때마다 네덜란드 선수들은 스케이트 종목에서 메달을 휩쓸며 활약한다. 심지어 네덜란드 스케이트 대표 선발전은 실전 올림픽보다도 그 수준이 높은 것으로 유명하다.

네덜란드가 이처럼 스케이트 강국이 된 이유는 운하와 수로가 발달해 겨울이면 온 국민이 스케이트를 즐겨왔기 때문이다. 1892년 세계빙상연맹이 창설된 이듬해에 네덜란드 암스테르담에서 첫 스피드 스케이팅 국제 대회가 열렸다.

지금도 겨울이면 암스테르담 국립박물관 앞 분수대는 아기자기한 스케이트장으로 변하고, 스케이트를 즐기는 네덜란드 사람과 관광객들로 그림 같은 광경이 펼쳐진다. 안타깝게도 요즘은 운하가 잘 얼지 않아 사람들이 수로에서 스케이트 타는 모습을 보기가 쉽지 않다.

그 밖에 네덜란드에는 동네마다 테니스장이 있고, 승마장도 어렵지 않게 찾을 수 있다. 말을 타고 동네를 돌아다니는 사람을 가끔 볼 수 있는데, 전 국토의 대부분이 농지이기 때문에 말도 흔하고 승마는 친근한 생활 스포츠다.

수영, 골프, 필드하키 등도 대중화한 스포츠다. 특히 필드하키는 여학생들에게 인기가 높아 어린 나이부터 시작하는 경우가 점점 늘고 있다. 여자 필드하키는 2012년 런던 올림픽에서 금메달을 획득한 적이 있다.

네덜란드가 이렇게 스포츠 강국이 된 이유는 단연 누구나 다 같이 즐길 수 있는 생활 체육 덕분이다.

네덜란드 아이들에게 스포츠란 점수나 입시를 위해 억지로 경쟁해야 하는 의무가 아니다.

아이들은 학교가 끝나면 각자 좋아하는 운동을 하러 간다. 주말에도 스포츠를 즐긴다. 전문 코치도 있지만 많은 경우 학교 체육 선생님이나 동네 아저씨 혹은 부모님이 함께 뛰며 스포츠를 즐긴다. 엄마는 감시하듯 벤치에 앉아 있고, 아이들은 비싼 레슨비 내고 경쟁하듯 배우는 스포츠는 없다.

자녀와 부모가 함께 즐기는 스포츠는 네덜란드 사람들의 자연스러운 삶의 한 부분이다. 그래서 가족 구성원 모두가 스포츠에 익숙하다.

잘 먹고 열심히 뛰고 일찍 자는 네덜란드 아이들이 모두 모델처럼 늘씬하고 키가 큰 것은 우연이 아니다. 바로 어릴 때부터 생활화한 스포츠에 그 답이 있다.

5-7 옷 입고 신발 신고 배우는 신기한 생존수영

네덜란드는 바다보다 낮은 땅이 전체 국토의 3분의 1을 차지하기 때문에 예로부터 물을 잘 다스리는 것이 생존과 직결되는 중요한 이슈였다. 그래서 수영장이 동네마다 흔하다. 거의 모든 아이들은 어릴 때부터 동네 수영장에 가서 수영을 배운다. 그들에게 수영은 선택이 아닌 필수다.

한국에서 몇 개월 수영장을 다니다가 네덜란드로 간 내 아이들에게도 수영을 계속 가르칠 수 있는 좋은 여건이었다. 집 가까운 곳에 수영장이 있었으니 말이다. 두 아들의 수영 실력은 초보자 수준이었고, 그나마 막내딸은 아예 수영장에 단 한 번도 가보지 않은 터였다. 네덜란드 있는 동안 아이들에게 수영을 잘 가르쳐야겠다는 마음을 먹고 합리적인 가격의 수영장에 3개월 단위로 수영 레슨을 결제했다. 한 반에 7~12명 정도의 아이들이 있었다.

수업 첫날, 선생님이 저 많은 애들을 어떻게 가르칠까 싶었다. 그야말로 오합지졸인데 걱정이 태산이었다. 난 한순간도 놓치지 않고 유리벽 너머로 선생님과 아이들을 주시했다. 선생님은 넓디넓은 수영장에 아이들을 풀어놓고 뭐라고 열심히 얘기를 했다. 하지만 친절하게 한 명씩 수영 자세를 봐주지는 않았다.

아이들은 이른바 '개헤엄'을 치면서 어떻게든 물 위에 둥둥 떠서 움직였다. 운동 신경마저 별로 없는 내 아이들도 예외는 아이었다. 유리벽을 통해 아이들의 모습을 지켜보던 나는 '저래서 도대체 뭘 배우겠나. 언제 멋진 폼으로 보란 듯이 수영을 할 수 있을까' 싶어 답답했다. 하지만 딱히 다른 대안도 없으니 일단 믿고 맡기는 수밖에 없었다. 그런데 수업을 마치고 나온 아이들은 내가 재밌었냐고 묻기도 전에 신나서 재미있다고 외치며 샤워장으로 들어갔다. '그래! 일단 즐거웠다면 그것으로 됐지 뭐.'

희한하게도 수업이 반복될수록 아이들은 물속에서 능수능란하게 움직였다. 물을 두려워하던 아이도 점점 물과 익숙해지는 모습이었다. 어느 정도 시간이 지난 후부터는 수심 3.5미터 풀로 옮겨서 레슨을 했다. 처음엔 발을 담그는 것조차 두려워하던 아이도 이내 아무렇지 않게 풍덩 물속으로 들어갔다. 그리고 자유형, 배영, 뭐 이런 각 잡힌 영법은 아니지만 물길을 가르며 자연스럽고 유연하게 움직였다. 수영모도 쓰지 않고, 수경도 끼지 않았다.

그다음 단계의 수업 역시 내게는 생소했다. 지름 1미터의 동그란 구멍이 뚫린, 가로세로 3미터는 족히 되는 커다란 비닐 천을 물속으로 집어넣은 뒤 잠수를 해서 그 구멍을 통과해 나오는 단계였다. 무려 3.5미터나 되는 깊은 물속으로 들어간 아이들은 잠영을 해서 구멍을 통과한 뒤 앞으로 좀 더 나아가서는 수면으로 올라와 평영으로 쭉쭉 헤엄을 쳐 나갔다. 물속에서는 당연히 수경 없이 눈을 떠야만 했다. 그래야 장애물을 통과할 테니 말이다.

또 인상 깊었던 것은 아이들이 수영을 하며 앞으로 나아가다 선생님이 구호를 외치면 갑자기 팔다리를 쭉 벌리고 물 위에 한동안 둥둥 떠 있는 장면이었다. 천장을 보고도 떠 있고, 뒤집어서 물 아래를 보고도 떠 있었다. 그런 뒤 다시 선생님이 구호를 외치면 앞으로 나아갔다. 감격적이기까지 했던 장면은 아이들이 1분 동안 발이 닿지 않는 물속에 똑바로 선 채 다리만 혹은 팔만 움직여서 가라앉지 않고 떠 있는 훈련이었다. 아이들은 1분간 끊임없이 다리나 팔을 물고기처럼 움직이며 물에서 똑바로 서 있었다. 생전 듣도 보도 못한 광경이었다. 다리로 물장구치는 법, 팔로 스트로크하는 법, 고개를 돌려 숨 쉬는 법 등은 이 모든 과정을 배우면서 자연스럽게 익혔다.

이런 수영 레슨을 받은 막내딸은 학교 대표 선수로까지 뽑혀 유럽 내 다른 학교 학생들과 겨루는 국제 대회에 나갈 실력을 쌓았다. 아이들 모두 1년 후 네덜란드 공인 수영 디플로마를 단계별로 획득했으니 상당히 뜻깊고 보람 있는 경험이었다.

네덜란드의 수영 교육은 우리와 확연히 달랐다. 첫째, 처음 수영을 배울 때 영법이나 자세를 덜 중요시했다. 아이들이 물과 친해지고 물을 잘 다룰 수 있도록 하는 데 주력했다. 수영은 하나의 놀이이자 즐거운 활동이라는 인식을 심어주는 것에 큰 의미를 두었다. 둘째, 수영의 본질에 충실했다. '수영은 왜 하는가?'라는 물음에 대한 답은 네덜란드에서 수영 디플로마 테스트를 어떻게 치르는지 보면 알 수 있다. 네덜란드 수영 디플로마는 가장 낮은 단계인 A부터 B, 그리고 C까지 있다. A 디플로마를 딸 때는 아이들이 긴 바지에 반팔 티셔츠 그리고 운동화를 신고 시험을 본다. 그런 차림으로 물에 들어가 수영을 하고 장애물을 통과한다. B 디플로마 때는 청바지 같은 두꺼운 긴 바지에 긴팔 티셔츠 그리고 운동화를 신어야 한다. 마지막 관문인 C 디플로마 때는 청바지에 긴팔 티셔츠, 그 위에 코트나 두꺼운 점퍼를 입은 뒤 운동화를 제대로 신어야 한다. 그 상태에서 물에 뛰어든다. 옷을 갖춰 입고 수영 디플로마 테스트를 하는 것은 처음 보았다. 옷을 입은 아이들은 물속으로 풍덩 들어가서 각종 영법으로 몇 백 미터를 왔다 갔다 하며 물속 장애물을 통과하고, 물 위의 장애물도 넘어야 한다. 그런 까다로운 과정을 다 거친 뒤 마지막에 수영복만 입고 몇 가지 중요한 테스트를 더 치른 다음 합격 여부를 가린다. 걸리는 시간은 총 1시간 정도.

특히 옷을 입고 수영하는 모습이 신선한 충격이었다. 그들의 주장인즉슨 물난리가 나서 정말 수영 실력이 필요할 때, 사람들이 대개는 평상복을 입고 있는 상황이기 때문이란다. 그러니 평상복을 입고 수영을 해서 살아남을 수 있는 '생존 수영' 능력이 가장 중요한 고려 사항이라는 것이다.

최소한 그들이 생각하는 수영의 본질은 물을 다스리고 생존하는 능력이다. 모든 과정이 그 본질에 충실했다. 우리나라에서 수영은 어떤 의미일까. 자녀에게 수영을 가르칠 때, 혹은 축구나 농구를 가르칠 때 본질을 먼저 생각해보면 어떨까.

5-8
와이파이와 블루투스를 탄생시킨 IT 교육 방식

네덜란드는 IT에서도 단연 앞서가는 나라다. 전 세계 통신망이 가장 잘 발달한 나라 중 하나인 네덜란드에는 전국에 걸쳐 인터넷 인프라가 완벽한 수준으로 깔려 있고, 정보통신 관련 산업이 매우 잘 발달했다. 유럽 내 데이터 센터의 3분의 1 정도가 네덜란드에 소재하고 있다. 또 네덜란드는 유럽 국가 중에서도 SNS 사용량이 가장 높은 나라다. 18세 이상 성인의 70퍼센트가 SNS를 사용하는 걸로 나타났는데, 옆 나라 독일의 경우 단지 37퍼센트의 성인들만 SNS를 사용한다고 밝혀진 것과 매우 대조적이다. 우리나라와 네덜란드가 IT 환경에서만큼은 비슷하다고 해야 할는지 모르겠다.

그러나 자세히 들여다보면 IT 시장 상황은 우리나라와 완전히 다르게 돌아간다. 네덜란드는 IT업계에서 유럽 시장의 중심이다. 쭉 나열해보면 구글(Google), 시스코(Cisco), 마이크로소프트(Microsoft), 인터시온(Interxion), 화웨이(Huawei), 오라클(Oracle), 버라이즌(Verizon), 그리고 인텔(Intel) 등이 네덜란드의 우수한 IT 인프라를 이용하기 위해 서슴없이 네덜란드에서 사업을 확장하며 새로운 투자를 하고 있다. 여기에는 네덜란드가 유통의 허브로서 그 역할을 톡톡히 담당한다는 장점이 한몫하고 있다. 〈포브스〉가 발표한 세계 2,000대 기업 중 IT 기업의 60퍼센트가 네덜란드에 진출해 있다. 네덜란드의 IT 활용도는 유럽 국가 중 최고이며 인터넷 보안 클러스터 역시 최강인 것으로 조사됐다.

잘 알려져 있지 않지만 더 놀라운 것은 따로 있다. CD는 네덜란드 기업 필립스가 1979년 최초로 발명했다. 와이파이는 전기전자기술자협회(IEEE) 회장을 역임한 네덜란드 델프트 공대의 픽 하이어스(Vic Hayes)가 1991년 표준화했고, 블루투스는 1994년 네덜란드 엔지니어 야프 하르천(Jaap Haartsen)이 개발했다. DVD 역시 1995년 필립스가 만들어낸 기술이다. 우리가 매일 사용하는 각종 IT 기술이 모두 네덜란드에서 만들어졌다고 해도 과언이 아니다.

네덜란드를 IT 강국이라고 할 만한 이유는 차고도 넘친다.

네덜란드는 다양한 IT 기술력과 인프라 이외에 더 큰 잠재력을 성장시킬 수 있도록 아이들의 IT 교육에도 많은 관심을 쏟고 있다. 학교와 부모는 아이들에게 무조건 인터넷을 금지하거나 SNS를 비롯한 각종 애플리케이션을 못하도록 막는 데 힘쓰지 않는다. 오히려 IT 기술을 긍정적으로 활용할 수 있는 방법을 가르치는 데 더 집중한다.

한 예로, 네덜란드에는 지난 2013년 '스티브 잡스 학교'라는 것이 생겼다. 이 학교에는 네 살 어린이부터 입학 가능하며 초등학교 과정을 마치는 12세까지 다닌다. 등교 시간도 정해져 있지 않고, 공부하는 내용도 학생 스스로 선택한다. 아이패드를 이용해 아이들의 개성에 맞는 교육을 수행함으로써 학생 각자의 창의력을 향상시키는 데 교육 목표를 두고 있다. 학생들은 자신에게 맞는 수업을 선택하고, 수업 내용은 아이패드를 통해 부모에게 전달된다.

획일화한 주입식 교육이 아니라 학생들이 자기 주도하에 공부하고 상상력과 창의력을 마음껏 발휘할 수 있도록 장려하는 전혀 새로운 시도다. 물론 실험적 교육 형태이기는 하지만 혁신적인 시도를 자유롭게 할 수 있다는 것만으로도 우리에게는 귀감이다.

'마인 킨드 온라인(mijn kind online) 재단'의 활약상도 주목할 만하다. 모든 어린이와 학생이 동등한 디지털 혜택을 받고 IT 기술을 통해 자존감과 자기 발전을 이룰 수 있도록 지원하는 것이 목표다. 아이들이 온라인에서 알아야 할 각종 지식과 정보를 전문가들이 제시한 방법을 통해 제공하고 교재를 만든다. 이 자료는 각 학교에 있는 ICT 담당 교사에게 전달된다. 아이들이 어릴 때부터 학교에서 각종 정보통신 기술과 소셜 미디어 등의 기능을 올바르게 인식하고 바르게 사용할 수 있도록 장려하는 것이다.

실제로 학생들은 학급 단위의 트위터 계정을 만들어 여러 사람과 소통하는 경험을 하고, 학급 블로그를 만든 뒤 각자 역할을 정해 이를 꾸려나가기도 한다. 가령 어떤 학생은 사진을 주로 포스팅하고 어떤 학생을 댓글을 관리하는 식이다. 선생님과 함께 소셜 미디어 활용에 대한 토론도 진행한다.

어차피 소셜 미디어를 활용해야 하는 세상이 됐다. 디지털 기술의 발전을 따라가지 못하면 뒤처지기 마련이다. 부작용이 당연히 따르겠지만, 지나치게 우려한 나머지 '아이들을 보호'해야 한다는 명분하에 아이들을 IT 기술로부터 격리시키려는 시도가 오히려 더 심각한 부작용을 낳을 수 있다. 네덜란드에서는 기왕 사용해야 할 기술이라면 가급적 잘 활용할 수 있도록 아이들이 어릴 때 미리 가르쳐야 한다고 본다.

네덜란드는 상당히 개방적인 나라다. 부모와 학교는 아이에게 디지털 세계를 개방한다. 단, 디지털 기술이 갖고 있는 장점과 단점을 명확하게 인식하도록 한 뒤 장점을 키워나갈 수 있도록 교육의 초점을 맞춘다. 시대의 흐름을 역행할 수는 없다. 막을 수 없는 흐름이라면 그것을 잘 활용할 수 있도록 먼저 가르치는 것이 현명하다. 네덜란드의 디지털 교육은 바로 이러한 전제를 깔고 있다.

5-9 마법의 단어 헤젤리흐는 교육의 만병통치약

네덜란드 사람들이 자국에 머물고 있는 외국인을 만나면 꼭 물어보는 단어가 있다. 바로 gezellig다. 네덜란드어 발음을 받아 적자면 '헤젤리흐'쯤 된다. 발음도 어려운데, 그 뜻을 이해하는 건 더 어렵다. 어쨌거나 네덜란드 사람들은 자기들 앞에서 gezellig라고 말하는 외국인을 보면 반가워하면서 맞장구를 쳐준다. 네덜란드 사람과 친해질 수 있는 간단한 방법 중 하나다.

그러나 이 위대한 단어의 뜻을 완전히 이해하기가 도통 쉽지 않다. 영어로는 pleasant(즐거운), cozy(아늑한), comfortable(편안한), social(사교적), relaxing(안락한) 등으로 번역하는데, 이 모든 단어 중 어느 하나도 정확히 맞아떨어지지 않는다. 영어를 완벽하게 구사하는 네덜란드 사람들조차 이 단어에 딱 맞는 영어 단어는 없다고 입을 모은다. 네덜란드 사람들은 어떤 분위기를 언급할 때도, 상태를 묘사할 때도, 기분을 표현할 때도, 그야말로 시도 때도 없이 "gezellig"라고 외친다. 가히 만능에 가까운 단어다.

네덜란드에서 나고 자라지 않은 나로서는 이 희한한 단어 gezellig의 의미를 아직도 온전히 이해할 수 없다. 아마도 우리말 사투리 '거시기하다'같이 외국어로 번역하기에는 그야말로 '거시기한' 단어가 아닌가 싶다.

네덜란드 사람들이 gezellig에 열광하는 이유는 기후 때문이 아닐까 싶다. 네덜란드의 날씨는 아주 좋다고는 할 수 없다. 겨울은 길고 지루하다. 우리나라처럼 영하 10도를 밑도는 매서운 추위는 없지만 전반적으로 스산하고 어둡다. 여름도 대체로 선선하고 시원하다. 땀이 많이 나는 더운 날은 1년에 손꼽을 정도로 며칠 안 된다. 비바람이 불고 흐리며 으스스한 날이 많다. 그래서 그런지 여느 북유럽 국가들과 마찬가지로 네덜란드 사람들도 아늑하고 포근한 분위기를 중요하게 여긴다.

양육도 당연히 gezellig에 입각한 방식으로 이어졌다. 네덜란드 엄마들은 아이가 편안하고 안락한 상태에 있는지 여부를 늘 체크한다. 아이의 정서적 웰빙에 무엇보다도 큰 가치를 둔다. 행여 공부에 대한 부담 때문에 정서적 편안함이 방해를 받는다면 아이도 부모도 이를 주저 없이 던져버린다.

우리가 보기엔 이런 네덜란드 엄마들의 태도를 언뜻 이해할 수 없다. 아이의 미래를 진지하게 대비하지 못하는 어리석은 행동처럼 보이기도 한다. 하지만 하루하루 gezellig를 만끽하며 살아가는 삶이 궁극적으로는 더 가치있고 행복한 삶으로 귀결된다. UNICEF에서 매해 실시하는 행복도 조사에서 네덜란드 아이들의 행복 인식이 매번 최상위를 차지하는 것만 봐도 알 수 있다.

네덜란드 엄마들처럼 전적으로 아이의 gezellig만 고려할 수 없는 것이 우리나라 현실이긴 하다. 그렇지만 우리 아이들도 달콤한 gezellig의 혜택을 누리며 자라도록 최대한 배려해야 한다. 어릴 때부터 경쟁하는 환경 속에 놓인 아이들에게 가정 내의 gezellig라도 충분히 안겨줘야 하지 않겠나. 하루 종일 학교, 유치원, 학원에서 최선을 다하고 돌아오는 바쁜 아이들이다. 그런 아이들이 최소한 저녁 시간만이라도 편안하고 조용하게 쉴 수 있도록 집안 분위기를 조성해주면 된다.

저녁을 먹은 다음에는 조명을 좀 낮추고 TV는 가급적 켜지 않도록 하자. 얼른 집안일을 마무리한 뒤 아이들과 함께 앉아 조용히 책을 읽거나 다정한 대화의 시간을 갖도록 애써보자. 집을 언제나 포근하고 안락하고 심신을 편안하게 쉴 수 있는 곳으로 만들자. 아이들이 gezellig를 많이 경험할수록 분명 정서적으로 안정되고 자신감 있는 사람으로 자라날 것이다.

5-10 효과 만점 열정적인 가정교육

네덜란드 사람들의 직업 선택 기준은 놀랍게도 '개인 시간'이다. 연봉도 아니고 남들의 인식도 아니다. 그들의 기준으론 개인 시간을 얼마나 가질 수 있는지 여부가 '좋은 직업' 혹은 '좋은 직장'을 가르는 요인이다.

우리에게 많이 알려져 있듯 복지 국가에는 야근이나 회식 같은 것이 없다. 꼭 야근을 해야 애사심 있는 직원이고, 반드시 회식에 참석해 억지로 부장님 개그에 박수 쳐주며 술을 마셔야 팀워크가 견고해진다고 생각하는 사람은 아무도 없다.

그들은 직장에서의 일은 공적인 업무일 뿐 딱 정해진 시간 이외에는 철저하게 개인적인 시간을 사수한다. 사장이건, 상사건, 누구건 직원의 근무 외 시간에 대해 간섭할 수 없다. 물론 그들은 단지 이 정도에 만족하지 않는다. 근무 외 시간은 당연한 것이고, 근무 시간이나 근무 요일을 얼마나 유연하게 사용할 수 있는지를 항상 고려한다.

네덜란드에서는 파트타임 직업이 보편적이고 정규직으로 대접받는다. 그래서 일주일에 세 번 혹은 두 번만 근무하는 사람도 적지 않다. 주로 여성들이 그렇다. 엄마들은 일주일에 이틀이나 사흘 정도만 근무하고 나머지 날들은 아이와 시간을 더 많이 보낸다. 남성들도 마찬가지다. 가능하다면 아침 7시쯤 출근해서 서너 시에 퇴근한다. 퇴근 후에는 취미 생활을 하거나 아이를 학교에서 픽업한다.

이렇게 근무 시간을 벗어난 네덜란드 엄마들은 가정에서 아이와 함께하는 시간을 매우 소중하게 여긴다. 그들은 가족과의 시간이 삶에서 가장 중요한 요소라고 믿는다. 심지어 가족과의 시간에는 TV가 끼어들 틈조차 없다. 일찌감치 저녁을 먹고 난 뒤에는 가족 간 대화가 이어지기 때문이다. 또는 각자의 책을 펴고 독서에 몰입하거나 부모는 어린 자녀에게 책을 읽어준다.

우리의 경우를 생각해보자. 엄마 아빠는 밤늦게까지 TV를 보면서 자녀에게는 방에 들어가 혼자 공부하라고 한다. 이 얼마나 모순된 일인가. 아이가 공부에 열중하길 원한다면 그럴 만한 분위기를 만들어줘야 한다. 여기에는 엄마의 참여가 필수다. 만일 엄마에게 공부가 지긋지긋하고 하기 싫은 일이었다면 아이에게도 공부는 하기 싫은 일일 수 있다. 그럼에도 불구하고 아이들에게 '너희는 무조건 해야 해'라고 강요한다면 설득력이 없다.

엄마들에게 공부가 웬 말인가. 엄마들은 보고 싶은 드라마도 실컷 보고,

밤늦게까지 인터넷도 하고, 뭐든지 하고 싶은 일을 하면서 즐거운 시간을 보내고 싶어 한다. 그러면서 정작 아이들에게는 엄격하다.

아이가 늦게까지 학원에 있을 때, 엄마들은 무엇을 하고 있는지 생각해 보자. 교육열이 매우 높은 한국이지만, 이는 아이들에게 일방적으로 요구하는 열정일 뿐이다. 아이와 함께한다는 측면만 보면 네덜란드 엄마들의 교육열이 우리보다 더 크다고 할 수 있다. 최소한 이런 점에서는 네덜란드 엄마들의 태도를 배울 만하다. 네덜란드 엄마들은 자녀와 시간을 보내기 위해 자신의 자유 시간을 양보한다. 자녀의 눈높이와 생활 패턴에 맞춰 함께 행동한다. 물론 그들은 그것을 가족이 함께하는 당연한 일상이라고 여기지만 말이다.

5-11 엄마들이 심어주는 이념과 사회관

네덜란드 부모들의 양육 태도는 우리 관점에서 볼 때 '자유방임' 그 자체다. 아이들이 학창 시절에 이성 친구 사귀는 것을 당연하게 생각하고, 열 살이 갓 넘은 자녀에게 각종 피임 방법을 알려줄 정도다. 아이들이 미래에 어떤 직업을 갖고 싶다고 하면 그것이 부모의 마음에 들고 안 들고는 그다지 중요하지 않다. 아이들의 의사를 존중하며 전적으로 찬성하고 지지해준다. 아이들의 의사 표현 역시 매우 존중한다. 아이들은 언제 어떤 자리에서도 자기가 하고 싶은 말을 마음껏 하는 것을 당연하게 여기며 자란다. 가정에서도 학교에서도, 그 어디에서도 아이들의 자유로운 언행은 최대한 존중받는다.

그러다 보니 부작용도 있기 마련이다. 말이 좋아 '자유'일 뿐 외국인들 눈에는 아이들을 지나치게 방임하는 것으로 보인다. 좀 더 심하게는 아이들을 너무 버릇없게 키운다고 생각하는 사람도 있다. 네덜란드 엄마들은 공공장소에서도 아이들의 행동을 크게 저지하지 않는다. 좀 떠들거나 뛰어도 아주 적극적으로 말리지 않는 편이다. 아이들이 어른들 얘기에 끼어들거나 어른들 말에 일일이 말대꾸를 해도 크게 나무라지 않는다. 왜냐하면 아이들의 '자유'는 무엇보다도 소중하기 때문이다.

네덜란드 사람들은 유독 자유에 큰 의미를 부여한다. 집착에 가까우리만큼 자유가 중요하다고 외친다. 왜 그들은 그토록 자유를 외칠까. 네덜란드의 역사적 배경과 건국 철학을 알면 이해하기가 쉽다.

네덜란드는 1568년부터 1648년까지 80년 동안 스페인, 즉 에스파냐와 독립전쟁을 벌였다. 특히 이 전쟁은 가톨릭 국가인 에스파냐로부터 개신교도들이 종교적 자유를 위해 싸운 일종의 종교 전쟁 성격도 컸다. 네덜란드는 1648년 베스트팔렌 조약을 맺음으로써 공식적으로 독립 국가로 승인을 받았다. 베스트팔렌 조약은 모든 종교와 사상의 자유를 허용한 최초의 국제 평화 조약이다.

그 후 네덜란드는 해상 무역으로 막강한 부를 쌓았으며 문화, 예술, 과학의 중심지로 성장했다. 동인도회사를 세우고 최초의 주식 시장을 개설한

상인의 나라답게 무역과 장사에는 종교나 사상이 중요하지 않고 오로지 실익과 실리가 더 의미 있었다. 그뿐 아니라 네덜란드는 바다보다 낮은 지대가 국토의 3분의 1이나 되는 데다 땅이 척박했다. 그래서 바람을 이용한 풍차를 만들어 끊임없이 차오르는 물을 퍼내고 땅을 개간해야 했다. 또 홍수와 폭풍이 잦은 지역적 특색 때문에 천재지변을 극복하기 위해 너나없이 모든 사람이 힘을 합쳐 어려운 고비를 극복해야 했다. 그러다 보니 차별 없이 서로 협동하는 국가적 합의가 자연스럽게 형성되었다. 이것이 네덜란드 사람들 사이에 자유와 평등이 중요한 국가 의제로 뿌리 깊게 자리 잡은 배경이다.

자유를 존중한 결과는 놀랍다. 대마초 같은 마약류를 일정한 규제 아래 합법화한 네덜란드의 대마초 흡연율은 오히려 다른 나라보다 낮다. 유엔 마약범죄사무소에서 조사한 결과를 보면 네덜란드의 대마초 흡연율은 7퍼센트 정도다. 대마초를 불법으로 규정한 미국(14.8퍼센트), 핀란드(14.6퍼센트), 프랑스(9.6퍼센트)보다도 낮다. 네덜란드는 또 미성년자 출산율이 가장 낮은 나라 중 하나다. 심지어 낙태를 합법화한 네덜란드의 낙태율이 오히려 더 낮다.

상황이 이렇다 보니 네덜란드 부모들은 자녀에게 어떠한 사상이나 삶의 방향을 강요하지 않는다. 아무리 어린 아이들이라도 그들의 주장을 존중하고 귀 기울인다. “나이도 어린 게 어디 감히.” 이런 말은 네덜란드에서 ‘감히’ 꺼내서는 안 된다.

네덜란드식 예술가의 길:
네덜란드의 삶은 아트다

The Power of
Dutch Mother

6-1 빈센트 반 고흐같은 화가 되기

아무리 미술에 문외한이라도 '빈센트 반 고흐'(1853~1890)를 모르는 사람이 있을까. 말년에 자신의 귀를 자른 반 고흐는 아마 전 세계에서 가장 유명한 화가 중 한 명일 것이다. 후기 인상주의 화가 고흐의 작품에는 강렬한 붓 터치와 왜곡된 듯 휘어진 피사체의 모습 그리고 외롭고 고독한 서정적 느낌이 있다. 그 때문인지 한 번이라도 고흐의 작품을 보면 뇌리에 강한 감동이 남으면서 그 화풍을 잊을 수 없다. 이 위대한 화가 반 고흐는 바로 네덜란드 사람이다.

암스테르담에 있는 반 고흐 박물관은 그곳을 찾는 사람들로 늘 인산인해를 이룬다. 박물관 앞에는 언제나 긴 줄이 늘어서 있으며 한참을 기다려야 입장할 수 있다. 박물관은 총 4층인데 각 층마다 고흐의 작품을 시기별로 구분해 전시해놓았다. 그의 자화상, 서정적인 초기 작품, 일본의 영향을 받은 그림, 말년의 격정을 표현한 작품 등이 있다. 그중 일본풍 그림은 과연 이게 고흐의 작품인가 싶을 만큼 밝고 화사하며 선이 아주 곱다. 특히 파란 색감과 만개한 하얀 꽃으로 완성한 '꽃 피는 아몬드나무(Almond Blossom)'는 그 아름다움에 눈이 부실 정도다. 이는 반 고흐의 유족들이 가장 좋아하는 작품이기도 하다. 동생 테오 반 고흐가 아이를 낳았을 때 빈센트 반 고흐는 조카의 탄생을 축하하기 위해 꽃 피는 아몬드나무를 그렸다. 하지만 반 고흐는 끝내 조카 얼굴을 보지 못했다.

또 프랑스에 위치한 교회를 그린 작품 '오베르의 교회(The church at Auvers)'는 파리 오르세 미술관에서도 꽤나 인기를 끌고 있으며, 많은 관광객이 실제 오베르의 교회를 보러 떠나기도 한다. 그리고 고흐의 마지막 시기에 그린 어둡고 묵직한 그림들. 마지막 그림이라고 여겨지는 두 작품 중 '까마귀가 있는 밀밭(Wheatfield with crows)'은 어둡고 낮은 하늘을 나는 까마귀 떼와 굽이치는 세 갈래 길이 죽음의 그림자를 불러오는 듯하고, 또 다른 작품 '나무뿌리(Tree roots)'에서는 굽이굽이 어지럽게 휘감아져 있는 뿌리를 통해 고흐의 복잡하고 불안한 심경을 느끼게 된다.

이렇게 전 세계인의 발길이 끊이지 않는 박물관이 있다는 사실은 분명 부러운 일이다. 또 그들에게는 굉장한 행운이다. 내가 이곳에 사는 동안 네덜란드를 방문한 지인들은 무조건 반 고흐 박물관에 들렀다. 그 덕에 나도 반 고흐 박물관에 꽤 많이 들락거렸다. 그림의 순서나 위치까지 외울 정도니 말이다.

그런데 박물관에 가면 늘 현장 학습을 온 어린이들 모습을 볼 수 있었다. 유치원에서도 오고, 초등학교에서도 왔다. 선생님과 부모의 인솔 아래 도슨트 강의를 들으며 반 고흐의 작품을 직접 눈으로 감상하는 아이들은 신기한 듯 고개를 갸우뚱하기도 했다. 설명이 길어질 때면 그림 앞에 둘러앉아 마음껏 그림을 감상하고 따라 그려보는 아이들도 있었다.

사실 유럽의 박물관에서 현지 아이들이 현장 학습을 오는 광경은 흔하다. 자국의 유명한 화가가 그린 작품을 보러 전 세계 사람들이 몰려오는 현장 한가운데서 아이들이 느낄 자부심을 생각하면 그것은 교육적 효과 그 이상일 것이라 짐작된다.

사실 반 고흐가 처음부터 유명 작가였던 건 아니다. 그는 외롭고 가난하고 불행한 삶을 살았다. 심지어 물감을 살 돈조차 없어 동생 테오 반 고흐로부터 도움을 받았다. 빈센트 반 고흐는 생을 마치기 전까지 동생 테오 반 고흐와 7,000통에 달하는 편지를 주고받았다. 두 형제의 편지 속에는 반 고흐의 작품 세계가 무엇으로부터 영감을 받았는지 알 수 있는 대목이 많다. 프랑스에서 그는 "붉은색과 초록색, 푸른색과 오렌지색, 짙은 노란색과 보라색의 아름다운 대조를 자연에서 발견할 수 있기 때문이야"라고 동생에게 편지를 통해 말한다. 반 고흐는 버젓한 미술 학원이나 이렇다 할 미술 교육을 받지 못했다. 네덜란드의 유명 화가이던 렘브란트(Rembrandt van Rijn)와 프란스 할스(Frans Hals)의 작품을 보면서 영감을 받고 그림을 배웠다. 또한 초기 작품 활동 때는 네덜란드에 머물렀지만 그 이후에는 벨기에, 프랑스 등 곳곳을 돌아다니며 자신의 화풍을 만들어갔다. 말년에는 정신 질환을 앓고, 친한 동료이던 고갱과 함께 생활하며 작품 활동을 하던 중 상실감과 분노에 젖어 자신의 귀를 절단하기도 했다. 그 후 반 고흐는 들판에서 스스로 가슴에 총을 쏴 생을 마감한 것으로 알려져 있다.

이렇듯 불행하게 생을 마감한 반 고흐가 세상에 알려진 계기는 네덜란드 동쪽 호헤펠뤼어(Hoge Veluwe) 국립공원에 위치한 크뢸러 뮐러(Kröller Müller) 박물관에서 찾을 수 있다. 아트 컬렉터였던 헬렌 크뢸러 뮐러 여사가 1930년대 즈음 반 고흐의 작품을 구입하기 시작하면서 그의 작품이 비로소 세상에 알려졌다. 1935년 크뢸러 뮐러 여사는 소장하고 있던 반 고흐의 작품을 국가에 기증했고, 1938년 박물관을 지어 대중에게 개방했다. 크뢸러 뮐러 박물관은 암스테르담의 반 고흐 박물관에 이어 두 번째로 그의 작품을 많이 전시하고 있다.

이름 없이 사라져간 수많은 화가들에 비해 반 고흐는 비록 사후이긴 하지만 이토록 세계적으로 위대한 명성을 얻었다는 점에서 매우 운이 좋았다고 할 수 있다. 그는 미술을 체계적으로 배우지 않았지만 자신의 감성을 온전히 쏟아부어 사람들에게 감동을 주는 그림을 그릴 수 있었다. 예술이란 예술가 개인의 경험과 정서적 세계를 표출한 것이다. 그런 자연스러운 작품 활동에 좀 더 관심을 집중해보면 어떨까 싶다.

네덜란드에는 미술 입시 학원이라는 것이 딱히 없다. 우리나라처럼 일제히 비슷한 주제로 혹은 재료로 누가 더 잘 그리는지, 혹은 어떤 선생으로부터 사사받았는지는 그리 중요하지 않다. 엄마들도 자녀를 예체능 전공자로 만들기 위해 어마어마한 비용을 들여가며 뒷바라지하는 일이 없다. 아이의 미술적 재능이 자연스럽고 독특한 개성을 지닐 수 있길 바랄 뿐이다. 그리고 반 고흐가 그랬던 것처럼 영감을 줄 수 있는 풍경을 많이 보거나 감수성을 풍부하게 해줄 수 있는 곳으로 가끔 여행을 가는 게 전부다. 학교에서는 미술에 재능 있는 학생이 원할 경우 학교나 담당 선생님이 알고 있는 아트 스튜디오를 연결해주기도 한다. 물론 무료로 그림 지도를 해주는 경우도 많다. 네덜란드의 미술 대학은 그렇게 자기만의 개성이 뚜렷한 예술가들로 늘 생기가 넘친다.

어떤 잣대를 두고 그것을 향해 경쟁에 몰입하는 순간 어쩌면 예술적 감각은 점점 사라질지 모른다. 예술이란 등수를 정하는 경쟁을 할 수 있는 성질의 것이 아니다.

6-2
루브르보다 위대한 마우리츠하위스 미술관

헤이그의 가장 핫한 장소인 플레인(Plein) 주변으로는 네덜란드 행정부의 중요한 기관들이 자리 잡고 있다. 국회인 비넨호프(Binnenhof)도 있고, 총리 공관, 왕의 집무실 누르디인드 궁전(Noordeinde Palace)과 각종 행정 기관, 그리고 평화의 궁(Peace palace)을 비롯한 국제기구와 세계 각국의 대사관이 모두 밀집해 있다.

그 가운데 아름다운 호숫가 바로 옆에는 매우 고풍스럽고 화사한 저택 하나가 눈에 딱 들어온다. 바로 '마우리츠하위스(Mauritshuis)' 미술관이다. 네덜란드 황금시대(golden age)를 누렸던 17세기 유명한 화가들의 작품이 이곳 미술관에 상당수 소장돼 있다. 1600년대 전성기를 구가하던 렘브란트, 요하네스 페르메이르(Johannes Vermeer), 프란스 할스 등의 작품이 무려 800여 점이나 있다. 우리가 알 만한 작품들이다. 우리에게 '빛의 화가'로 잘 알려진 렘브란트의 '니콜라스 튤프 박사의 해부학교실(Anatomy Lesson of Dr Nicolaes Tulp)', 영화로도 만들어진 페르메이르의 '진주 귀걸이를 한 소

녀'(Girl with a pearl earring)', '델프트의 풍경(View of Delft)', 그리고 네덜란드 미술사의 황금시대를 이끈 최초의 거장 프란스 할스의 '웃고 있는 소년(Laughting boy)' 등이 그것이다.

적어도 내가 보기에 마우리츠하위스 미술관의 최대 장점은 관람객들의 피로는 최소화하고 감상은 최대한 알차게 할 수 있다는 것이다. 관람 구역이 아주 심플하게 2층으로 이뤄져 있다. 그렇다고 해서 감상할 작품이 얼마 되지 않는 것은 결코 아니다. 각 방의 번호를 따라 쭉 돌다 보면 어느새 네덜란드 황금시대 거장의 그림들을 꽤 감상할 수 있다. 방방마다 정말 굉장한 작품을 가득 전시해 어느 것 하나도 그냥 지나칠 수 없다.

간혹 미술관 규모는 어마어마한데 이른바 '유명한' 그림은 몇 점밖에 없어 그 앞에서만 인산인해를 이뤄 제대로 감상을 못하는 경우가 있다. 하지만 아담한 미술관 마우리츠하위스에서는 그럴 우려가 없다. 모든 그림 하나하나가 정말 다 위대하고 유명해서 관람객들이 분산되어 있기 때문이다.

연간 25만 명 넘는 관람객이 찾아오는 마우리츠하위스를 방문할 때면 나는 여지없이 네덜란드 사람들 특유의 성향을 느끼며 미소 짓곤 했다. 그들은 세계 최고의 실속파다. 미술관 역시 너무나도 실속 있게 집약적이다. 외양이나 규모는 개의치 않고 콘텐츠에 집중하는 그들만의 방식이 고스란히 드러난다. 마우리츠하위스를 관람하고 나면 긴 시간은 아니지만 굉장히 많은 미술사를 공부한 듯 뿌듯하기 그지없다. 내가 네덜란드를 방문하는 지인들에게 마우리츠하위스 방문을 강력하게 추천한 이유도 그 때문이다. 미술품 관람을 지루해하는 사람이나 복잡한 미술사에 흥미 없는 사람조차도 마우리츠하위스는 즐거운 추억이 될 수 있다.

마우리츠하위스를 위대하게 만든 이유는 또 하나 있다. 바로 네덜란드 사람들의 기부와 공유의 정신으로 완성한 컬렉션이 그것이다. 마우리츠하위스에서 소장한 그림 중 상당량은 네덜란드 초대 왕이 기부한 작품이다. 18세기 후반, 네덜란드는 프랑스 대혁명 군대와의 전쟁에서 패했다. 이때 빌럼 5세(Prince Willem V van Oranje)가 소장하고 있던 모든 미술품이 프랑스로 넘어가 파리 루브르 박물관으로 보내졌다. 이후 나폴레옹의 몰락으로 프랑스군이 철수하고 빌럼 5세의 아들이 1815년 네덜란드왕국 초대 왕 빌럼 1세로 등극했다. 국왕 빌럼 1세는 루브르 박물관으로부터 돌려받은 많은 소장품을 국가에 기증했다. 이것이 마우리츠하위스를 세우는 기초가 됐다. 마우리츠하위스라는 이름을 갖게 된 것은 미술관 건물의 소유주 이름이 마우리츠였던 것에서 비롯한다.

마우리츠하위스는 이후 또 다른 미술품 컬렉터들로부터 여러 작품을 기부받아 귀하고 알찬 작품들로 가득 찼다. 네덜란드의 왕족과 귀족들이 자국의 위대한 화가들이 창조한 작품을 스스럼없이 내놓고 국민과 공유하고자 했던 의지가 결국 마우리츠하위스를 유럽의 어느 미술관보다도 훌륭하고 알찬 미술관으로 승격시킬 수 있었던 것이다.

예술 작품은 더 많은 사람이 함께 나눌수록 위대해진다. 자국의 예술가와 그들의 작품에 대한 자부심은 기본이고, 자기 것을 다른 이들과 함께 소유하고자 했던 마음이 오늘날 네덜란드를 예술 강국으로 만들었다. 예술의 세계를 공유한다는 것은 색다른 관점이고, 이는 분명히 배워볼 만하다. 예술을 주제로 더 많은 사람과 더 깊은 대화를 나누는 폭넓은 경험도 누려보자.

6-3
실험적 건물의 천국, 네덜란드 빌딩은 직사각형이 아니다

네덜란드 로테르담에 가면 정말 희한하게 생긴 건축물이 많다. 비행접시처럼 납작한 지붕도 있고, 연필같이 생긴 삐죽하고 높은 건물도 있고, 큐브를 아래위로 또 옆으로 동글동글 수십 개 붙여놓은 것 같은 호텔도 있고, 테트리스 게임처럼 떨어지는 블록을 비뚤배뚤 쌓아놓은 모양의 건축물도 있다. 다양한 실험적 건물이 많은 로테르담에는 건축 여행이나 건축을 공부하러 오는 사람이 꽤 있다.

또 암스테르담 북서쪽에 있는 아주 작은 도시 잔담(Zaandam)에 가도 정말 신기하고 아기자기한 건물이 많다. 잔담 역 바로 옆의 시청만 보더라도 건물 외관은 물론 내부 역시 마치 인형의 집같이 아늑하게 꾸며져 있다. 잔담 시청에 근무하는 직원은 물론 그곳에 민원을 보러 가는 사람들도 퍽 즐거운 마음으로 일을 처리할 것 같다. 잔담 중심부의 작은 운하가 시작되는 인텔 호텔은 그러한 아기자기함의 정점이다. 알록달록 귀여운 창문과 지붕 모양이 독특한 작은 집을 수십 개 쌓아올려 하나의 큰 호텔 외관을 만들었는데, 그야말로 애니메이션에서나 나올 법한 신기하고 귀여운 잔담의 대표적 명물이다.

굳이 로테르담과 잔담이 아니더라도 네덜란드 전역에는 어디에서도 보기 힘든 독창적이고 아름다운 건축물이 가득하다. 네덜란드에 살다 보면 빌딩은 꼭 기다란 상자 같은 직사각형이 아니라는 생각을 하게 된다. 오히려 반듯한 직사각형의 건축물을 보면 무미건조하다. 네덜란드로 건축 유학을 떠나는 사람이 많은 이유도 바로 여기에 있다.

이런 건축의 힘은 그냥 생겨난 게 아니다. 어릴 적부터 각자의 개성을 중시하는 양육과 교육 분위기에서 비롯되었다. 네덜란드에서는 아이들에게 정답을 강요하지 않는다. 열린 사고, 즉 남들과 다른 생각이나 아이디어를 매우 장려한다. 개성을 살리는 양육이 그들에게는 중요한 관건이다. 아이가 자기 나름대로 도전해보고, 실패하더라도 새로운 시도를 반복하는 것을 진정한 성장 과정이라고 믿는다. 우리나라처럼 천편일률적인 답안을 쓰고, 그럼으로써 백점을 맞아야 만사 오케이라고 생각하지 않는다. 학원을 다니면서 똑같은 방식으로 글쓰기를 하고 똑같은 방법으로 문제를 푸는 것이 옳은 학습 방식이라고 생각하지도 않는다.

이런 양육 분위기 속에서 탄생한 대표적인 네덜란드 건축가가 바로 렘 콜하스(Rem Koolhaas)이다. 그가 로테르담에 설립한 건축 디자인 회사 OMA의 명성은 세계적으로 자자할 뿐 아니라 수많은 젊은 건축가들이 그곳을 거쳐갔다. 렘 콜하스는 2008년 〈타임스〉의 '세계 100대 영향력 있는 인물'로 선정됐고 프리츠커 건축상 등 국제적인 수상 실적도 많다. 네덜란드에서도 그를 예술가 중 국가의 위상을 전 세계에 높이는 데 기여한 인물 1, 2위로 꼽을 정도다.

렘 콜하스가 애초부터 건축 디자인을 공부한 것은 아니었다. 기자와 시나리오 작가로 활동하다가 건축을 공부했고, 그 후 뉴욕의 건물과 도시 계획에 참여하는 등 국제적으로 유명한 건축 프로젝트를 다수 수행했다. 그의 작품은 세계 곳곳에서 가장 주목받는 랜드마크로 우뚝 서 있다. 시애틀 중앙도서관, CCTV 베이징 본부 등이 대표적인 그의 작품이다. 우리나라에도 그의 작품이 있다. 서울 한남동에 있는 리움미술관 내 삼성아동교육문화센터가 바로 렘 콜하스의 디자인 작품이다.

현재 하버드 대학교 디자인 대학원의 교수로 재직하고 있는 렘 콜하스의 작품은 매우 독특하고 예측 불가능하며 관습의 굴레를 벗어난 혁신이라고 인정받는다.

렘 콜하스는 이렇게 말했다.

"건축이라는 구역으로부터 탈출하는 것이야말로 열정의 주요한 발로다."

그의 건축 철학을 알 수 있는 대목이다. 렘 콜하스를 이렇듯 세계 건축의 거장으로 만들 수 있었던 것은 남들과 다른 관점, 남들은 상상하지 못하는 창의력에 있다. 그리고 이는 곧 아이들의 개성을 존중하는 네덜란드의 양육방식과 일맥상통한다.

요즘 부쩍 4차 산업혁명이네 뭐네 하며 고민이 많다. 지금 같아서는 '4차 산업혁명 대비 역량 강화를 위한 학원'이라도 들어설 판이다. 내 아이들을 보자. 이 아이들이 컸을 때, 로봇으로 대체되지 않을 만한 직종이 무엇일지, 로봇보다 혹은 인공 지능보다 훨씬 더 잘 할 수 있는 일이 무엇일지 정말 심각하게 생각해봐야 한다.

도시의 건축물이 네모반듯하기만 하다는 것은 건축 디자인이나 기능을 다양하게 적용하지 않는다는 의미다. 창의적 아이디어보다는 그저 심심하고 재미없는, 판에 박힌 설계를 갖고 주먹구구식으로 너도 짓고 나도 짓고 하는 것이다. 그건 로봇도 충분히 할 수 있다. 남들과 다른 나만의 고유한 디자인을 고민하면서 자기만의 색깔을 낼 수 있어야 한다. 비단 건축에만 국한되지 않는다.

창의적인 건축 양식은 건축디자인 대학에서 만들어지는 게 아니다. 어릴 때부터 다양성을 인정받고 자라난 아이들의 머리에서 나온다. 아이들의 개성을 존중할 때, 아름다운 건축물로 가득한 도시의 삶을 기대할 수 있다. 아이들의 개성을 존중하는 양육이야말로 다양한 선택이 있는 사회, 다름이 더 인정받는 합리적인 사회를 만든다.

6-4 연봉 900억 DJ와 함께 할아버지 할머니도 춤을 춰요

클럽에 가면 턴테이블을 이용해 신나는 음악을 들려주는 DJ가 있다. DJ가 음악을 어떻게 구성해서 틀어주느냐에 따라 그 클럽의 수준이 확 달라진다. 실력 있는 DJ의 명성은 자연스럽게 입소문을 타기 마련이다. 요즘 DJ는 웬만한 가수나 팝스타만큼 팬 층이 두껍고 활약상이 대단하다. 인기 있는 DJ들은 클럽에만 머물러 있지 않고 전 세계 투어를 다니기도 하며 자신만의 앨범을 만든다. 특히 소득 랭킹 1위에 오른 세계적 인기 DJ의 경우는 한 해 수

입 900억 원이 훌쩍 넘는다. 그런데 이런 세계적 명성을 갖고 있는 DJ 중에서도 단연 네덜란드 DJ가 최고로 인정을 받고 돋보인다.

영국의 DJ 매거진 〈DJ Mag〉에서 해마다 발표하는 EDM(Electronic Dance Music) DJ들을 보면 네덜란드 출신이 수두룩하다. 네덜란드 출신 아르민 판 뷔런(Armin van Buuren)은 지난 10년간 1위를 다섯 번이나 차지한 DJ계의 초특급 스타이자 DJ계의 전설이다. 디제잉을 대여섯 시간 동안 쉼 없이 할 수 있는 몇 안 되는 거물 DJ 중 하나다.

그는 또 빌럼 알렉산더르 네덜란드 국왕 즉위를 기념해 왕실 오케스트라와 더불어 신나는 파티를 연출하기도 했다. 더 놀라운 건 그가 이미 딸과 아들이 있는 40대 가장이라는 것, 그리고 레이던 대학에서 로스쿨을 졸업했다는 사실이다.

네덜란드에는 사실 우리나라와 같은 아이돌 그룹이나 인기 가수 팬덤이 없다. 네덜란드 TV를 보면 좀 심심하다 할 정도로 화려한 연예 뮤직 쇼가 없다. 뭐가 먼저인지 모르겠지만 네덜란드 사람들은 영국이나 미국의 팝을 즐기는 편이고, 그러다 보니 국내 대중음악보다 해외 뮤지션들에게 더 관심을 갖는다.

대신 네덜란드에는 세계적 명성을 확보한 DJ들의 활약이 유명하다. 그런 DJ는 반짝 스타가 아니고 십수 년간 그리고 끊임없이 자기만의 독특한 음악을 고안해내면서 꾸준히 인기를 유지한다. 어느 순간 우르르 떼로 등장했다가 언제 사라지는지도 모르는 우리나라 대중음악 세계의 분위기와는 사뭇 다르다.

개성을 중시하는 네덜란드 사람들에게는 어쩌면 10명씩 나와서 똑같이 춤추며 노래하는 그룹 아이돌보다 단 한 명의 DJ가 창작한, 세상에 하나뿐인 믹싱 음악이 더 호감을 얻을지도 모르겠다. 또 DJ가 신나는 음악을 야외 무대에서 틀어놓으면 남녀노소 불문하고 정말 흥겹게 춤추고 즐긴다. 음악을 함께 즐기는 데 나이는 아무런 고려 대상이 아니다. 아이돌 스타의 공연장에서 사오십대 중년들과 머리가 하얀 노인들이 펄쩍펄쩍 뛰는 모습은 상상이 되지 않지만, 네덜란드 공연장에서는 할아버지 할머니도 함께 춤을 춘다. 그리고 그런 모습이 하나도 어색하지 않다.

세상을 살다 보면 어릴 때는 어린 대로, 나이가 좀 들면 나이 든 대로 나이가 갖고 있는 숫자의 무게가 각기 다른 의미로 다가온다. 단지 나이로 인해 이런저런 여가 생활에 제약을 받는다는 건 피곤한 일이기도 하거니와 우리 스스로 굳이 삶의 반경을 좁히는 일이다. 원한다면 계속해서 젊은 감성을 유지하고 음악을 마음껏 신나게 즐길 수 있는 자유야말로 우리가 누려야 할 권리다.

아이들도 마찬가지다. "나이가 몇 살인데 지금 그런 음악을 듣느냐", "나이가 몇 살인데 지금 그런 옷차림으로 다니느냐" 하는 말은 아이에게 하지 말아야 한다. 나이 환갑이 되었더라도 쫄티에 청바지 입고 머리를 포니테일로 높게 묶고 엉덩이를 흔들며 음악을 즐기는 것이 볼썽사나운 게 아니다. 자연스러운 사회야말로 우리 아이들이 누려야 할 시대다. 그게 바로 100세 시대다운 광경이다.

6-5 매일 꽃향기 뿜는 엄마

네덜란드의 튤립을 실제로 보면 놀라움을 금치 못한다. 어른 주먹만 한 크기의 튤립이 탱탱한 탄력을 자랑하며 포스터물감같이 선명한 색상을 뿜어낸다. 네덜란드에서는 모양도 각양각색 크기도 갖가지인 데다 상상도 못할 온갖 색의 튤립을 만날 수 있다.

매해 4월에서 5월 중순까지 리서(Lisse) 지역에서는 튤립 축제 쾨켄호프(Keukenhof)가 개장을 한다. 어지간해서는 차가 막히지 않는 네덜란드지만 쾨켄호프가 절정을 이루는 4월 말의 주말이 되면 행사상 수변 반경 1킬로미터는 차들이 옴짝달싹하지 않을 정도로 붐빈다. 전 세계 사람들이 바로 이 시기에 튤립 축제를 보러 리서를 찾기 때문이다. 여기서 쾨켄은 '부엌', 호프는 '정원'이라는 뜻이다.

세계 최대 튤립 수출국이라는 위상이 무색하지 않게 열이면 열 사람 모두 쾨켄호프에 들어서는 순간 눈앞에 나타난 광경에 입을 다물지 못한다. 수천 종의 튤립이 끝도 없이 쫙 늘어서 있고, 거대한 튤립 정원은 테마별로 종류별로 질서 정연하게 제각기 아름다움을 뿜어낸다. 도대체 이게 실화인가 할 정도다. 다양한 모양과 색깔의 싱싱하고 탱탱한 튤립을 보고 있노라면 그런 눈 호강이 없다.

혹자들은 쾨켄호프로 가는 길의 풍경조차 감동적이라고 말한다. 정말 그렇다. 끝없이 펼쳐진 밭에는 긴 직사각형 모양으로 심은 튤립들이 색색으로 눈부시게 이어져 있다. 보라, 파랑, 핑크, 노랑, 빨강, 주황, 하양 등 물감으로는 발색 불가능한 화려한 색감이 차도 양쪽으로 펼쳐진다. 쾨켄호프는 한마디로 감동이다. 바다보다 낮은 땅을 일궈서 이토록 아름답고 찬란한 꽃밭으로 바꿨다는 사실을 생각하면 기적에 가깝다.

네덜란드 사람들은 꽃을 사랑하는 민족이다. 남의 집에 초대받았을 때 가장 환영받는 선물이 꽃 한 다발이다. 그들은 고마운 사람에게 마음을 표현할 때면 여지없이 꽃을 선사한다. 동네 어느 마트에 가도 꽃을 파는 코너는 반드시 있다. 사람들이 매일 필요한 음식 장을 보면서 꽃도 함께 사기 때문이다. 네덜란드 가정에는 늘 싱싱한 꽃이 꽂혀 있다. 네덜란드의 가정집은 거실 창문이 굉장히 크다. 밖에서 걸어 다니는 사람들에게 집 안을 공개 자랑이라도 하듯 내부가 훤히 다 보일 정도로 큰 창문이 벽의 대부분을 차지한다. 그리고 창틀에는 꼭 예쁜 꽃을 장식해놓는다. 꽃을 비롯해 커다란 거실 창틀에 놓인 온갖 아기자기한 액자와 장식품 등이 각 가정의 개성을 뿜어낸다.

화훼의 나라라는 명성에 맞게 네덜란드에는 꽃꽂이 자격증 코스가 있다. 이론적으로도 상당히 심도 있게 공부해야 하며, 실기 시험도 몇 번 도전해야 통과할 수 있을 만큼 엄격하다. 그만큼 네덜란드의 꽃꽂이 자격증은 세계적으로도 그 권위를 인정받는다.

그런데 정작 네덜란드 엄마들의 꽃 장식은 누구라도 할 수 있을 만큼 소박하다. 전문가의 손길처럼 아무나 흉내 내기 힘든 화려한 장식이 아니다.

엄마라면 누구나 할 수 있는 가정적이고 따뜻한 느낌이 묻어난다. 꽃은 시들 틈이 없다. 엄마는 며칠 뒤 또 새로운 꽃으로 집 안을 환하게 장식하기 때문이다. 네덜란드 아이들은 이렇게 아름다운 꽃과 함께 자라난다. 매일매일 식탁과 창틀에 놓인 꽃을 보는 아이들은 꽃이 피고 지는 모습을 자연스럽게 관찰할 수 있다. 자연의 색감과 숨결을 가깝고 생생하게 느끼며 지내는 셈이다. 그들에게서 위대한 화가가 나오고 세계적 건축가, 인테리어 디자이너가 탄생하는 것은 결코 놀랄 만한 우연이 아니다.

6-6 스피노자의 후예는 내일 지구가 멸망해도 사과나무를 심을까

"내일 지구가 멸망하더라도 나는 오늘 사과나무를 심겠다."

누구나 한 번은 들어봤을 만큼 유명한 말이다. 바로 네덜란드 철학자 스피노자(Baruch de Spinoza)가 남긴 명언이다. 참 이상하지 않은가. 내일 지구가 멸망하는데, 굳이 오늘 사과나무를 심겠다는 이유는 무엇일까.

먼저 철학자 스피노자에 대해 알아볼 필요가 있다. 그는 1632년 네덜란드 암스테르담에서 부유한 상인의 아들로 태어났다. 유대인 사회의 엘리트로 기대를 한 몸에 받고 자라던 스피노자는 한 성직자가 사후 세계를 의심한 글을 펴냈다는 이유로 같은 성직자들에게 발로 밟히는 모욕과 파면을 당한 뒤 자살하는 사건을 목격하고 완전히 다른 길을 걷기 시작했다.

스피노자는 신이 인간의 모습처럼 분노하거나 기뻐하는 등 감정적인 모습을 가진 존재가 아니라고 주장했다. 대신 인간이 살고 있는 세계 자체가 결국 신의 섭리라는 범신론을 주장하기 시작했다. 당시 이러한 사상은 이단으로 여겨지는 파격이었다. 결국 스피노자 역시 유대 교회로부터 파문을 당했다. 파문의 결과는 가혹했다. 상속도 못 받고 재산도 가질 수 없는 처지가 됐다. 그의 지적 능력을 높이 산 사람들이 거액을 기부하고자 했으나 스피노자는 그것을 모두 거부했다. 자신에 대한 파문과 비난의 화살에 대해서도 철저하게 끝까지 침묵으로 일관했다.

암스테르담을 떠나 네덜란드를 떠돌게 된 스피노자는 파문당한 자신의 처지를 비관하거나 괴로워하지도 않았다. 대신 끊임없는 사색과 집필 작업에만 매진했다. 평생을 독신으로 지내며 다락방 셋방살이를 하면서도 말이다. 그의 철학적 사유의 가치를 인정한 독일 하이델베르크 대학에서 교수 자리를 제안했지만 스피노자는 그마저도 거부했다. 어떤 누구로부터도 자신의 자유로운 사색을 방해받지 않기 위함이었다. 그는 국가란 자유를 목적으로 삼아야 한다고 말했다. 교회의 간섭을 비난하고 권력자들의 횡포를 질책한 것이다. 스피노자는 그렇게 살다 쓸쓸히 죽었다. 유대교 사회에서 부와 권력을 누리고 파문 후에도 폼 나는 철학자로 살 수 있었으나 오직 '자유'와 '신념'을 지키기 위해 그는 모든 것을 거부했다.

스피노자가 보여준 철학 세계야말로 네덜란드 사람들의 삶의 방식, 가치관과 참 닮았다. 그 어떤 외압에도 자신만의 주관을 지키려는 고집, 자유를 최고의 가치로 신봉하는 국가적 분위기는 모든 국민이 존중받고 차별 없는 지금의 네덜란드를 만들어낸 근간이다. 누가 뭐라던 심지어 내일 지구가 멸망하더라도 내가 원하고 내 생각에 옳다면 사과나무를 심을 수 있는 것이 바로 네덜란드 사람들이다.

네덜란드 엄마들의 자녀 양육도 이런 철학적 사유에 바탕을 둔다. 아이들이 하고 싶다고 하면 주변의 시선이나 사회적 편견(물론 네덜란드에는 그런 편견조차 없지만 말이다)은 아랑곳하지 않고 아이들의 의견을 적극 지지한다. 내일 지구가 멸망할지라도 만일 아이가 사과나무를 심고 싶다고 하면, 왜 그런 생각을 했는지 경청하고 아이의 결정을 인정해줄 수 있는 준비가 언제라도 되어 있다. 사회의 획일적인 잣대가 네덜란드에는 존재하지 않는다.

우리는 지금까지 자신의 삶은 물론이거니와 아이들이 살아가야 할 삶에 대한 정답을 규정해왔다. 그 정답의 근거는 사회적 잣대였다. 하지만 삶에는 정답이 없고, 오답은 더더구나 없다. 어떤 삶의 방식이든 박수 받을 만한 가치가 있다. 아이가 자신의 주관을 믿고 자신의 삶을 살아갈 수 있도록 엄마들이 스피노자식 철학을 가져보면 좋겠다. 내 아이가 어떤 삶의 방식을 선택하건 그것을 사회의 획일화된 무책임한 잣대로 평가하는 일만은 금해야 한다.

네덜란드식 사회적 인물 양성법: 세상의 빛과 소금으로 키운다

The Power of
Dutch Mother

7-1
바다 위에 펼쳐진 청소부의 원대한 꿈

보얀 슬랫(Boyan Slat)은 크로아티아에서 네덜란드로 온 이민자의 아들이다. 지금은 전 세계 바다 위에 떠다니는 플라스틱 해양 쓰레기를 청소하는 회사 '오션 클린업(Ocean Clean Up)'의 CEO이자 사회 지향적인 문제 해결을 위한 기술을 고안하는 발명가다. 1994년생인 그는 이십대 중반의 청년이다.

보얀 슬랫이 고안한 바다 청소 기계는 해류를 이용해 플라스틱 쓰레기를 한데 모아 처리한다. 이 시스템 덕분에 수백 년이 걸릴 수도 있는 플라스틱 쓰레기를 몇 년 만에 수거할 수 있게 됐다. 델프트 공과대학을 졸업한 그는 지난 2016년 첫 실험적인 시도를 성공적으로 마쳤고, 2018년에는 완전한 해양 쓰레기 수거 시스템을 세상에 내놓았다. 이러한 놀랍고도 혁신적인 기술을 만들어냄으로써 지난 2015년, UN이 수여하는 환경 분야 최고 권위의 표창 '지구환경대상(Champion of the Earth)' 최연소 수상자가 됐다. 〈타임스〉는 2015년 최고의 발명품 중 하나로 그의 오션 클린업을 꼽았다. 그뿐 아니라 보얀 슬랫은 〈포브스〉에서 유망한 사업가로, 〈리더스 다이제스트〉에서는 올해의 유러피언으로 선정되어 세계의 이목을 받았다. 또 골드만삭스가 발표하는 가장 흥미로운 사업가 100위 안에 랭크되기도 했다.

대학을 갓 졸업한 젊은이가 세계 무대에서 이런 정도의 갈채를 받는 일은 흔치 않다. 보얀 슬랫은 돈벌이나 유명세를 추구하지 않고 지구 환경 보호라는 큰 꿈을 향해 자신의 능력과 열정을 쏟아부었다. 그에겐 여전히 넘어야 할 산이 많을 테고, 기술적 측면에서도 보완해야 할 점이 분명 있을 것이다. 그러나 전 세계 경제, 사회, 과학을 망라한 분야에서 지금 보얀 슬랫을 주목하는 이유는 그가 십대 때부터 품어온 위대한 비전 때문이다.

보얀 슬랫이 처음 해양 쓰레기 수거라는 원대한 포부에 대해 말했을 때, 대부분의 사람들은 불가능하다고 생각했다. 하지만 그는 낙담하거나 단념하지 않았다. 오히려 "인간의 역사란 불가능하다고 말한 것들이 가능하도록 행해진 것들의 목록이다"라며 당당히 맞섰다.

그가 해양 쓰레기 수거 프로젝트를 떠올리게 된 것은 우연이었다. 그는 고등학교 때 그리스로 여행을 떠나 바다에서 다이빙을 하던 중 물고기보다 많은 플라스틱 쓰레기가 바다에 둥둥 떠 있는 모습에 충격을 받았다. 그러고는 환경 문제가 자신의 세대에 중요한 이슈가 될 것이라고 직감했다. 학교로 돌아온 그는 해양 플라스틱 오염물에 대한 공부에 집중하기 시작했다. 공부를 하면 할수록 바다의 플라스틱 쓰레기가 얼마나 방대한지, 그것들이 지구 생태계에 얼마나 위협적인지, 그리고 궁극적으로는 인류에 얼마나 해가 되는지 점점 심각하게 인식했다.

델프트 공대에 진학해서도 그는 같은 관심사를 갖고 깊은 탐구를 이어갔다. 성공 여부는 불확실했지만 바다의 플라스틱 쓰레기를 치우려는 시도 자체는 가치 있다고 믿었다. 나아가 보얀 슬랫은 기존의 쓰레기 처리 방식과는 다른 창의적인 방안을 모색하기 시작했다. 기존의 방식은 거대한 배로 이동하며 그물로 바다 위에 떠 있는 플라스틱 쓰레기를 수거하는데, 그 경우 쓰레기뿐 아니라 다른 해양 생태계에 해를 입힐 우려가 있기 때문이었다. 아울러 배가 내뿜는 연료는 또 다른 오염을 유발한다. 비용도 만만치 않다. 그래서 보얀 슬랫은 해류를 통해 플라스틱 쓰레기가 모이도록 하는 시스템을 개발하고 태양광을 에너지원으로 삼았다. 보얀 슬랫의 가족도 그의 꿈과 도전을 적극 지지했다. 그 덕에 수많은 자원봉사자와 직원이 몰려들기 시작해 현재는 100명 넘는 사람들이 함께 그 일을 하고 있다. 더욱이 클라우드 펀딩을 통해 수억 원의 자본금도 확보할 수 있었다.

보얀 슬랫의 스토리를 통해 우리는 네덜란드 교육의 힘을 느낄 수 있다. 이민자 가정이라면 부모는 대개 자녀의 사회적 출세를 위해 헌신하기 마련이다. 자녀가 되도록 많은 교육을 받게 뒷바라지하고 어떻게 해서든 그 사회에서 가장 안정적이라고 여겨지는 직업군에 자리 잡을 수 있도록 힘을 보태는 경우가 많다. 하지만 보얀 슬랫의 경우는 이와 좀 달랐다. 누가 보더라도 무모한 도전에 아들이 매진할 때 부모는 지지해줬다. 오히려 아들이 자신의 비전을 확대할 수 있도록 가능성을 계속 열어줬다. 부모가 당장 눈에 보이는 사회적 성공에만 무게를 두었더라면 보얀 슬랫의 해양 쓰레기 수거 오션 클린업 프로젝트는 절대로 빛을 보지 못했을 것이다. 부모가 자녀의 비전을 존중하고 그 꿈을 높이 샀기 때문에 보얀 슬랫은 온 인류에 유익한 기여를 하게 되었으며, 급이 다른 훌륭한 인물로 성장할 수 있었다.

눈앞의 성공에 집착하지 않고 자녀가 품은 비전을 높이 사주는 것이 얼마나 중요한지 깨닫게 하는 사례다. 보얀 슬랫이 환경 친화적인 해양 쓰레기 수거 시스템을 고안해낼 수 있었던 것은 그가 획일화한 양육 방향과 성적으로 서열화하는 교육 환경 속에서 살지 않았기 때문이다. 다양한 가능성을 수용하는 사회 분위기 덕분에 보얀 슬랫의 상상력은 무궁무진하게 뻗어나갔다.

획일화한 성공의 길을 강요할 경우, 우리 아이들은 더 크고 위대한 사람이 될 가능성을 놓쳐버릴 수도 있다. 비단 위대한 인물은 아니더라도 아이가 자신만의 행복을 극대화하며 살아갈 기회를 발견하지 못할 수도 있다. 이것저것 따지지 말고 무엇보다 아이가 갖는 비전과 상상력을 적극 밀어주자.

7-2 앰뷸런스를 타고 성취한 생애 마지막 소원

죽기 전에 꼭 하고 싶은 일이 있는데, 그것이 현실적으로 매우 실현하기 어려운 일이라고 가정해보자. 그리고 만일 죽기 전 누군가가 그 단 하나의 소원을 들어주기 위해 어려운 점을 해결하고 처음에는 불가능해 보였던 소원을 이뤄줬다고 해보자. 어떤 느낌이겠는가. 눈물 나도록 감사하고 열 번이라도 절을 하고 싶은 일이 아닐 수 없다. 세상을 곧 떠날 사람의 마지막 소원을 이뤄주려 숭고한 노력을 하는 이들은 어떤 사람들일까.

네덜란드에는 임종을 앞둔 사람들의 소원을 들어주는 재단이 있다. 일명 앰뷸런스 재단이라 일컫는 'Stichting Ambulance Wens(Ambulance Wish

Foundation)'이다. 이 재단은 특히 거동이 불편해 휠체어나 침대 신세를 져야 하는 사람들이 죽기 전에 가고 싶은 곳, 하고 싶은 일, 보고 싶은 것을 도와서 이루어지도록 해준다. 죽음을 앞둔 사람들은 거동이 불편한 경우가 많다. 어디를 가고 싶어도 이동이 불가능하다. 앰뷸런스 재단은 바로 이런 어려움을 해결해준다.

이 재단이 한 일 중에 많이 알려진 유명한 장면이 있다. 죽음을 앞둔 78세의 할머니가 마지막 소원으로 렘브란트의 그림을 보고 싶어 했다. 앰뷸런스 재단은 할머니의 휠체어를 앰뷸런스에 싣고 박물관으로 향했고, 할머니는 그토록 바라던 렘브란트의 그림을 보며 마지막 눈물을 흘렸다.

케이스 펠드부르(Kees Veldboer)는 앰뷸런스 운전을 15년 동안 해오던 중 우연한 기회를 통해 이 재단을 설립했다. 어느 날 시한부 삶을 살고 있는 환자를 다른 병원으로 이송했는데, 그 병원이 아직 환자를 맞을 준비가 덜 되어 있어 하는 수 없이 환자와 밖에서 기다리는 상황이 됐다.

시간이 오래 걸리자 케이스는 환자에게 기다리는 시간 동안 무엇을 하고 싶은지 물었다. 직업이 선원이던 환자는 자신의 활동 무대였던 로테르담 항구로 가서 바다를 보며 작별 인사를 하고 싶다고 말했다. 케이스는 그 길로 환자를 바다로 안내했고, 로테르담 앞바다를 본 선원은 기쁨에 겨워 눈물을 흘렸다.

그는 선원에게 물었다. 혹시 로테르담 앞 바다를 다시 한 번 항해하고 싶지 않느냐고. 선원은 침대에 누워 있는 신세라 기대조차 하지 않았지만 케이스는 방법을 고안해냈다. 그는 자신의 보스에게 휴일에 앰뷸런스를 빌려 생의 마지막 순간에 있는 사람들의 소원을 들어주는 데 쓸 수 있도록 부탁했다. 보스는 흔쾌히 동의했고, 그를 돕겠다는 자원봉사자도 생겼다. 그렇게 마지막 항해를 하게 된 선원은 이런 글을 남겼다.

"세상에는 여전히 다른 사람을 생각해주는 사람들이 있습니다. 나는 내 경험을 통해 다른 사람의 작은 제스처가 거대한 임팩트를 가져올 수 있음을 알았습니다."

그리고 선원은 세상을 떠났다.

죽음을 앞둔 선원이 자신의 삶을 바친 바다를 보며 눈물 흘리는 모습을 보고 케이스는 자신이 할 일을 직감했다.

그렇게 앰뷸런스 재단을 설립한 이후, 많은 자원봉사자가 그와 뜻을 함께했다. 지금까지 앰뷸런스 재단의 도움을 받아 죽기 직전 마지막 소원을 이룬 사람은 1만 명에 육박한다.

케이스에 따르면, 사람들이 죽기 직전 바라는 소원은 거창한 게 아니다. 대부분 자신에게 아주 의미 있는 존재를 마지막으로 마주하고 싶어 했다. 어떤 사육사는 25년간 일했던 동물원에서 자기가 보살피던 기린을 보고 싶어 했고, 열 살 어린 아이는 자기 집 소파에 부모님과 함께 앉아보고 싶어 했으며, 101세의 할머니는 생전에 좋아하던 말을 마지막으로 한 번 더 타고 싶어 했다. 이처럼 임종을 앞두고 거동이 불편한 사람들의 간절한 소망은 앰뷸런스 재단을 통해 기적처럼 이뤄졌다. 케이스는 이렇게 말한다.

"만약 당신이 당신의 마음을 따라 당신만의 길을 간다면, 사람들은 당신을 지지해줄 것입니다. 나는 내가 가장 좋아하는 일을 하며 사는 평범한 네덜란드 남성입니다. 내 취미는 남을 돕는 것이지요."

구구절절 맞는 말이고 무슨 뜻인지 쉽게 이해된다. 하지만 이 간단한 고

백을 따라 사는 사람이 몇이나 될까.

케이스는 앰뷸런스 재단 활동을 국외로까지 넓혀가기 시작했다. 외국 사람들도 앰뷸런스 재단을 통해 죽기 직전의 마지막 소원을 성취할 수 있는 길이 열린 것이다.

우리는 이 사회에서 의미 있고 감동적인 일이 무엇인지 공감은 하지만 선뜻 그 일을 내가 맡아 하거나 혹은 내 아이에게 추천하지는 못한다. 그것은 대개 현실적인 이유 때문이고, 물론 누구도 이를 비난할 자격은 없다. 하지만 최소한 아이가 다른 사람에게 베푸는 일을 한다고 할 때 지지해줄 수 있는 엄마가 됐으면 좋겠다. 아이의 선택이 얼마나 위대한 일인지 알고 격려해주면 좋겠다. 아니, 백번 양보해서 아이가 그런 일을 하고자 할 때 도시락 싸 들고 말리지만은 않았으면 좋겠다.

7-3 네덜란드 총리는 왜 손가락에 매니큐어를 바를까

입헌군주국 네덜란드에서는 총리가 국정을 책임진다. 지금의 마르크 뤼터(Mark Rutte) 총리는 1967년생, 쉰 살이 갓 넘은 총각이다. 우리나라에서야 총리가 결혼 안 한 싱글이라면 굉장히 신기한 눈으로 바라보겠지만(어쩌면 아예 총리가 되지 못할 가능성도 있지만 말이다), 네덜란드에서는 미혼이란 사실이 큰 화두로 부상하지 않는다. 그런 마르크 뤼터 총리의 생활을 보면 우리가 깜짝 놀랄 만한 일이 많다.

우선 그는 화려한 총리 공관에서 지내지 않고 일반 아파트에서 살며 출퇴근을 한다. 자신이 레이던 대학에서 역사학 학위를 받은 뒤 1992년 구매한 오래된 아파트에서 지내고 있다. 식구라고는 자기 한 명뿐이라는 이유에서다. 바쁜 일과 속에서도 그는 일주일에 한 시간씩 헤이그의 가난한 동네에 위치한 학교에 가서 학생들에게 배움과 희망과 꿈을 선사하고 있다. 그리고 90세 된 모친과 함께 거의 매주 인도네시아 레스토랑에서 저녁 식사를 한다.

정치인 마르크 뤼터 총리는 네덜란드 국민에게 사랑을 받고 있을까. 물론 매우 큰 사랑을 받고 있다. 어느 날 한 장의 사진이 SNS에서 화제가 됐다. 왕을 만나러 간 뤼터 총리가 여느 때와 다름없이 왕궁의 자전거 거치대에 직접 자전거를 묶는 사진이었다. 그리 놀랄 것도 없다. 뤼터 총리는 평소에도 자전거를 타고 출퇴근한다. 보여주기나 대중을 현혹하기 위한 포퓰리즘 쇼가 아니란 건 전 국민이 다 안다.

우리 생각에 총리의 출근길이라고 하면 시꺼먼 리무진에 경호원들이 곁에서 지키는 모습이 연상된다. 그 누구도 총리에게 감히 범접하지 못한다. 대한민국 국민 중에 일상생활을 하고 있는 총리를 길에서 만난 사람이 몇 명이나 있을까. 총리건, 국회의원이건, 정부의 고위 관료건 일단 그 자리에 올라가는 순간 그들은 대중을 피해 다니고 있지 않은가.

그러나 뤼터 총리는 심지어 왕을 만나러 가는 길에도 자전거를 탄다. 언제라도 국민과 함께 있으며, 그들과 소통할 준비가 되어 있음이다. 사실 네덜란드의 많은 정치인이 이런 모습이다.

어느 날 뤼터 총리는 손톱에 파란색 매니큐어를 칠한 채 인증 샷을 찍었다. 이유인즉슨 뇌종양으로 시한부 삶을 살고 있는 6세 소년 테인 콜스테런(Tijn Kolsteren)이 다른 아픈 사람을 돕는 자선 활동을 하는데, 그에 동참하기 위함이었다. 테인 콜스테런은 자신의 손톱에 파란색 매니큐어를 바른 뒤 폐렴으로 고통받는 환자들을 돕기 위한 페이지를 개설하고 기부금을 받았다. 총리는 물론 각계각층의 사람들이 이 캠페인에 동참했고, 그 결과 3억 원 넘는 기부금을 모을 수 있었다.

진심으로 국민과 함께하는 총리, 죽음을 앞둔 상황에서 다른 아픈 사람을 돕겠다는 어린이, 그리고 이런 사람들을 사랑하는 사회. 네덜란드가 건강한 사회적 기반을 다질 수 있었던 힘이다.

지난 2016년 우리나라를 방문해 대학생들을 만난 뤼터 총리는 이런 말을 남겼다.

"네덜란드에는 위계가 없습니다. 교수도 학생들을 아래에서 위로 바라보고, 총리와 비서의 관계도 마찬가지입니다."

그러면서 우리 대학생들에게 네덜란드로 와서 공부하고 생활해보라고 말했다. 네덜란드식 삶을 실제 경험해본 나로서는 뤼터 총리의 말에 과장이 없음을 알고 있다. 뤼터 총리같이 인간미 넘치는 정치인, 그리고 나보다 남을 더 걱정할 수 있는 사람처럼 우리 아이들도 그렇게 자랐으면 좋겠다.

7-4
남부러울 것 없는 네덜란드의 치매 마을

우리가 나이 들어감에 따라 걱정스러운 일 중 하나가 바로 치매에 걸리면 어쩌지 하는 우려다. 늙고 병들어 자식들에게 짐이 되기는 싫지만, 그렇다고 마땅한 대책이 있는 것도 아니다. 어쨌든 치매에 걸리면 주변인이 고생하거나 어마어마한 비용을 치르거나 둘 중 하나다. 그 어떤 선택도 고달픈 길의 시작일 뿐이다. 치매 노인의 인권이나 그들의 웰빙까지 생각하고 배려할 여유도 많지 않다. 그러니 두려울 수밖에.

네덜란드의 치매 노인들은 우리와 다른 환경에서 생활한다. '드 호헤베이크(De Hogeweyk) 마을'은 일명 치매 마을이다. 치매 환자들이 자유롭게 일상생활을 하며 거주하도록 만든 독립된 마을이다. 호헤베이크 마을은 치매 환자들에게 최적의 환경을 제공하는 설계와 디자인으로 지어졌다. 그 안에는 약국, 마트, 카페, 음식점, 미용실 등 각종 편의 시설이 모두 있다. 농장에서 밭을 가꿀 수도 있고, 교회에서 종교 생활도 자유롭게 할 수 있다. 일반 사람들이 살아가는 마을과 다른 점이 있다면, 마트의 음식에 가격표가 없고 각 편의 시설에 있는 직원들이 의사나 간호사, 요양사 등 치매 환자를 제대로 돌볼 수 있는 전문가라는 사실이다. 호헤베이크 마을을 치매 환자들의 천국이라고 부르는 이유가 여기 있다.

호헤베이크 마을에 대한 아이디어는 요양원에서 간호사로 일하던 이보너 판 아메롱언(Yvonne van Amerongen)에게서 비롯됐다. 그는 치매 환자들을 단지 가둬놓는 게 능사가 아니고, 그들도 평범한 사람처럼 삶을 즐기며 살아가야 한다고 생각했다. 그렇게 해서 2009년 호헤베이크 마을이 탄생할 수 있었다. 마을에 거주하는 중증 치매 노인들은 환자복을 입지 않는다. 자신이 원하는 옷을 입고 외출하며, 화려한 모자를 쓰고 같이 모여 점심 티타임을 함께하기도 한다. 그 누구도 부럽지 않게 자신들만의 삶을 충실하게 영유하며 지낸다.

호헤베이크 마을에는 방문 프로그램이 있다. 프로그램을 통해 마을을 외부인에게 공개하는데, 한 시간 반 동안 마을 투어를 할 수 있다. 그뿐만 아니라 점심이나 저녁을 먹기 위해 내부 레스토랑 예약도 가능하다. 물론 방문 비용은 만만치 않다. 5명까지 가능한 그룹 투어는 무려 895유로이며 21퍼센트의 부가세까지 별도이니 우리 돈으로 100만 원이 훌쩍 넘는다. 그렇지만 방문 프로그램은 워낙 인기가 좋아 미리미리 예약을 해야 한다.

여기서 네덜란드 사람들의 삶에 대한 접근 방식이 여실히 드러난다. 우리 같으면 그런 치매 마을이 존재하더라도 그 내부를 혹은 마을에 살고 있는 치매 노인을 외부에 공개하는 걸 상당히 꺼릴 것이다. 그러나 네덜란드 사람들은 치매 마을에 살고 있는 노인들의 평범한 일상을 외부에 당당하고 자랑스럽게 공개한다.

유럽 다른 나라에서도 호헤베이크 치매 마을을 좋은 모델로 여기고 그 철학과 시설을 배우러 몰려온다. 이렇게 마을을 외부에 공개하는 이유는 치매 마을 거주 노인들도 보통 사람과 전혀 다를 바 없다는 인식이 깔려 있기 때문이다.

호헤베이크 마을의 핵심 전제는 치매 노인이라도 다른 사람들과 다를 바 없이 평범한 삶을 누릴 권리가 있다는 것이다. 그래서 치매 노인들이 평범한 사람처럼 살 수 있도록 각종 시설을 설계해놓았고, 외부 사람들이 방문해도 스스럼없이 어울릴 수 있는 환경을 조성했다.

이는 호헤베이크 마을의 기초를 닦은 이보너 판 아메롱언 간호사가 가졌던 신념이기도 하다. 그 덕분에 치매가 공포와 절망의 시작이라는 암담한 생각 대신 치매를 건강하고 발전적인 방향으로 대처할 수 있도록 관점을 바꿀 수 있었다.

우리는 보통 사람과 다르거나 제대로 기능하지 못해 부족한 사람을 '환자' 혹은 '장애인'으로 규정하고 사회로부터 격리해놓는 경향이 있다. 가족조차도 가족 구성원이 장애인이면 당당하게 바깥세상에 내놓지 못한다. 불쌍하고 안타까운 사람들이라는 시선을 갖고 멀리한다. 이로 인해 장애인이나 약자에 대한 차별이 생긴다. 심지어 장애인 시설이 들어선다고 하면 주민들이 나서서 반대하는 님비(NIMBY) 현상이 팽배하다.

네덜란드에서는 유독 장애가 있거나 몸이 불편한 사람이 눈에 많이 띈다. 이는 그들의 수가 절대적으로 많아서가 아니다. 장애인을 비장애인과 차별하지 않기 때문에 당당하게 거리로 나설 수 있는 것이다. 네덜란드 부모들은 이렇게 인간의 가치와 존엄을 자녀에게 교육하고, 부모 자신도 그런 생활방식을 몸소 실천한다.

7-5
안네 프랑크 하우스는 비극의 역사를 대하는 그들의 자세

네덜란드 암스테르담에는 필수 관광 명소가 있다. 《안네의 일기》로 잘 알려진 안네 프랑크 하우스다. 실제로 안네 프랑크의 가족이 나치의 눈을 피해 숨어 살던 곳이다. 어린 소녀 안네 프랑크는 그 집에 숨어 지내며 하루하루 일기를 썼다. 그러나 안네 프랑크의 가족은 결국 나치에 발각되어 수용소로 끌려갔고, 안네는 그곳에서 생을 마쳤다. 당시 안네 프랑크가 그 집에 숨어 지내며 썼던 《안네의 일기》는 지금 전 세계인의 마음을 울리는 고전이 되었다. 바로 그 안네 프랑크 하우스를 보기 위해 찾아오는 관광객 수는 헤아릴 수 없이 많다. 인터넷으로 예약을 잡기도 힘들고 막상 방문해도 몇 백 미터나 되는 줄을 선 채 두어 시간을 기다려야 입장이 가능할 정도다. 명실공히 네덜란드 최고의 인기 관광지다.

나도 안네 프랑크의 집에 갔었다. 그날은 화창한 봄날이었다. 따스한 햇살이 내리쬐고 하늘은 눈부시게 파랬다. 안네 프랑크 하우스는 운하 옆에 위치해 있다. 젊은이들이 행복한 표정으로 앉아 쉬기도 하고 자전거를 타고 신나게 질주하기도 했다. 나를 비롯해 줄을 서 있는 관광객들은 카메라로 주변의 모습과 안네 프랑크 하우스를 연신 찍어대느라 바빴다.

한참을 기다리다 드디어 입장 순서가 됐다. 나는 아이들과 함께였다. 화창한 바깥 모습과 정반대인 어둡고 숙연한 공간으로 들어서는 순간이었다. 나도 모르게 긴장되어 아이들 손을 꼭 잡았다. 나치의 잔혹함과 어린 소녀의 안타까운 죽음이라는 이미지가 머릿속에 겹쳐지면서 마음이 찡하게 아파왔다. 아이들도 약간은 겁을 먹은 듯했다. 아이들을 어르며 꼭 감싸 안고 안네 프랑크 하우스로 올라갔다. 좁은 계단을 따라 층층이 이어진 네덜란드의 전형적인 주택 구조다. 들어간다고 하기보다는 올라간다고 하는 표현이 더 어울렸다.

이윽고 책장으로 막아놓은 계단이 나왔다. 책장을 옆으로 밀어 열고, 다시 계단을 따라 올라가면 안네가 가족과 함께 생활하던 방과 부엌이 나온다. 그들이 숨죽인 채 생활했던 공간이 고스란히 남아 있었다. 어린 안네의 키가 얼마나 자라는지 기록하기 위해 벽에 성장 과정을 표시한 자국도 그대로 있다. 안네와 가족이 함께 사용했던 물건, 안네가 언니와 함께 놀았던 소품들도 있었다. 낮에는 물론이고 밤에도 불빛이 집 밖으로 새나가면 안 되기 때문에 창문에는 모두 두꺼운 암막 커튼이 걸려 있었다. 안네는 비록 죽고 없지만 거짓말처럼 그 숨결을 느낄 수 있었다. 어린 소녀가 얼마나 무서웠을지, 얼마나 힘든 시간을 보냈을지, 그리고 나치 수용소로 끌려가는 순간 얼마나 울부짖었을지 생생하게 느껴졌다. 관람객은 모두 숨을 죽인 채 비통한 표정이었다. 나를 포함해 모두가 뜨거운 눈물을 흘렸다.

우리는 그렇게 비극적 역사의 순간을 함께했다. 안네가 살아생전 남겼던 생기발랄한 삶의 흔적, 공포로 가득한 상황에서도 동심을 잃지 않고 희망의 끈을 잡았던 흔적은 보는 이들의 마음을 미어지게 했다. 아무 말도, 그 어떤 설명도 필요 없었다. 누가 무엇을 잘못했는지, 누가 억울하게 희생됐는지 애써 설명하지 않아도 우리 모두는 처절하게 느낄 수 있었다.

안네는 나치가 네덜란드를 점령하고 있을 당시 13세 생일 선물로 일기장을 받았고, 2년이라는 긴 시간 동안 집에 숨어 지내면서 일기를 썼다. 그리고 15세의 나이에 수용소로 끌려가 결국 죽음을 맞이했다.

다행히도 안네가 쓴 일기는 남겨졌고, 나치 치하에서 겨우 살아난 아버지 오토 프랑크에게 전달되었다. 아버지는 전쟁이 끝난 뒤 딸의 일기를 책으로 출간했으며, 그 책은 전 세계 60개 언어로 번역되었다. 지금도 안네 프랑크 하우스 1층의 전시장 및 서점에서 각국의 언어로 번역한《안네의 일기》를 만나볼 수 있다.

《안네의 일기》덕에 나치의 잔혹한 행위가 어떠했는지, 그 역사적 사실의 생생한 일부가 전 세계인에게 알려졌다. 그리고 안네의 집을 고스란히 보전하고 관광지로 만들어 개방함으로써 수많은 사람이 나치의 끔찍한 만행을 기억하고, 그 희생자가 됐던 유대인의 아픔을 가슴에 새기게 되었다. 안네의 집에 들어가 안네의 숨결을 느낀 사람이라면 그 비극적 죽음을 절대로 잊을 수 없다.

15세 소녀 안네는 결국 죽어서 그렇게 나치를 이겼다. 아픈 역사, 수치스러운 역사를 어떻게 다뤄야 할 것인가 하는 점에서 안네 프랑크 하우스는 우리에게 많은 시사점을 던진다. 부정적인 역사라고 해서 없애고 숨기는 것이 능사가 아니다. 그런 면에서 안네 프랑크 하우스는 역사를 대하는 네덜란드 사람들의 자세를 확실하게 보여준다고 할 수 있다.

7-6
왕비가 된 아르헨티나 군사 정부 장관의 딸

네덜란드 왕 빌럼 알렉산더르의 부인 막시마 왕비는 아르헨티나 태생이다. 막시마의 아버지는 아르헨티나의 서슬 퍼런 군부 독재 시기에 농업장관을 역임했다.

빌럼 알렉산더르 왕세자가 막시마와 결혼하겠다고 했을 때, 네덜란드에서는 엄청난 국가적 반대가 일어났고 민심은 부글부글 끓었다. 왜냐하면 막시마의 아버지가 몸담고 주도했던 아르헨티나 군부 통치는 악명이 높았기 때문이다. 그 통치하에서 자행된 여러 가지 끔찍하고 부당한 만행은 이미 잘 알려져 있었다. 막시마는 국민을 탄압했던 고위 관료의 딸로서 남부러울 것 없이 호위호식하며 최고의 엘리트 교육을 받았다. 막시마의 삶은 그야말로 공주처럼 곱고 화려했다. 그런 막시마를 다른 나라도 아닌 네덜란드의 국민 정서가 쉽게 받아들일 수는 없었던 것이다.

그러나 빌럼 알렉산더르 왕세자가 왕위까지 포기하겠다고 나서는 등 여러 가지 우여곡절 끝에 결국 막시마는 왕세자와 결혼할 수 있었다. 지금 막시마는 왕비로서 네덜란드 국민의 사랑을 받고 있다. 뜨거운 사랑까지는 아니더라도 최소한 미움을 받거나 반감을 사고 있지는 않다. 이런 일이 과연 어떻게 가능했을까.

막시마는 결혼식을 앞두고 아르헨티나의 독재 통치 만행을 비난하는 성명을 발표했고, 아버지는 물론 친정 식구들을 결혼식에 참석하지 못하도록 했다. 결혼 이후에는 외국인 신분으로 지내면서 네덜란드 비자를 갱신해야 했다. 아르헨티나는 자국의 국적을 포기하지 못하도록 법으로 규정했기 때문이다. 그래서 막시마는 30세가 될 때까지 비자를 갱신하며 살아야 했다.

이윽고 네덜란드 국적을 취득할 자격을 갖췄을 때, 막시마는 여느 이민자와 다름없이 귀화에 필요한 내용을 공부했다. 그리고 네덜란드 국적 취득을 원하는 다른 신청자들과 똑같은 공간에서 시험을 치렀다. 여기에 더해 네덜란드어도 아주 열심히 공부했다. 사석에서는 물론 대중 연설도 네덜란드어로 무리 없이 구사할 정도가 되었다. 그리고 왕세자비 시절 때는 물론이고 왕비가 되고 나서도 주변 사람들과 격식 없이 소탈하게 지내는 면모를 보였다. 심지어 유럽의 왕족 중에서 패션 센스가 많이 떨어진다는 평을 받을 만큼 덜 화려했다.

딸 셋을 낳은 막시마 왕비는 일반 학부모와 똑같이 자녀의 학교에 가서 봉사 활동에 참석하는 것은 물론이고, 여러 가지 학교 행사에도 적극 참여한다. 이 과정에서 유난스러운 경호나 의전은 없다. 평범한 네덜란드 여자, 그리고 엄마로서의 생활을 스스럼없이 실천했다. 이런 막시마 왕비의 노력에 네덜란드 국민은 마음을 열고 국민적 성원을 보내고 있다.

네덜란드의 힘은 개방성에서 나온다고 해도 과언이 아니다. 그들은 자신과 다름을 인정하고 나와 다름을 열린 마음으로 받아들인다. 물론 무조건 받아들이는 것은 아니다. 다른 민족, 혹은 다른 사람에게 장점이 있을 때 이것저것 편견을 갖지 않고 쏙 빼서 수용하는 편이다. 편견이나 차별을 앞세우지 않기에 타 문화의 진수를 제대로 보는 식견이 있다.

수도 암스테르담과 무역 도시 로테르담이야말로 진정한 멜팅 포트(melting pot)다. 암스테르담에 거주하는 인구는 약 81만 명인데, 그중에 이민자가 42만여 명에 달한다. 게다가 전체 네덜란드 인구의 20퍼센트가량이 이민자 및 그 후손이다. 이민자의 출신 국가도 200여 나라나 된다. 네덜란드에 유독 이민자들이 많은 이유는 단연코 이민자가 정착하기 수월한 나라이기 때문이다. 네덜란드 사람들은 이민자라고 해서 무시하거나 불합리하게 대하지 않는다. 똑같은 인간의 가치를 부여하며 차별 없이 그들을 대한다.

우리나라 역시 세계화를 지향해야만 미래가 있다고 말한다. 이미 세계는 지구촌으로 하나가 된 지 오래다. 우리 아이들이 살아야 할 미래는 더더욱 개방성과 다양성을 중시하는 사회가 될 것이 틀림없다. 개방성이란 곧 차별과 편견을 없애는 것에서부터 시작된다. 엄마로서 자녀에게 이러한 의식을 심어주어야 한다.

우리 사회도 이제는 다문화 가정 아이들이 상당하다. 동남아 등지에서 온 노동자의 수도 만만치 않다. 이미 국제화되어가고 있다는 얘기다. 이 시점에서, 과연 엄마들은 자녀에게 다양한 문화를 편견 없이 받아들일 수 있는 개방적 태도를 심어주고 있는지 돌아봐야 한다. 사대주의는 버려야 한다. 하지만 타 문화에 대한 개방적인 마음은 키워야 한다. 그게 우리 아이들이 향후 국제 사회에서 경쟁하고 살아남을 수 있는 힘이다.

네덜란드식 목가적 낭만: 자연은 그들에게 삶이다

The Power of
Dutch Mother

8-1
자연의 건강한 기운을 선물 받는 놀이터

내 아이들은 희한하게도 놀이터를 너무나 좋아한다. 아무리 춥고 바람이 세차게 불어도 놀이터가 있으면 일단 가던 길을 멈추고 들러야 한다. 집에 있다가도 종종 놀이터에 나가고 싶다며 조른다. 네덜란드에서 살며 놀이터에서 노는 것이 하루의 중요 일과 중 하나였다. 방과 후에도 학교 놀이터로 달려간 뒤, 하다못해 철봉에라도 몇 번 매달려야 직성이 풀릴 정도였다.

엄마 입장에서 솔직히 어떤 때는 귀찮기도 했다. 특히 추울 때는 말이다. 네덜란드는 내 기준으로 1년 내내 추우니 항상 옷을 잔뜩 챙겨 입고 아이들이 신나게 뛰어노는 모습을 바라보곤 했다. 굳이 엄마가 끼어들어 함께 놀아줄 필요도 없었다. 각종 놀이 기구를 자유자재로 이용하면서 즐겁게 뛰어노니 말이다. 한 번은 막내가 친구 생일 파티에 가고, 첫째는 플레이데이트에 가서 친구들과 신나게 노는 바람에 둘째가 꽤나 상심했다. 눈물까지 찔끔 흘리며 속상해하던 둘째가 마치 대단한 보상이라도 바라는 듯 말했다.

"그럼 나는 놀이터에 혼자 갈래요. 놀이터에 데려다주세요."

속으로는 웃음이 빵 터졌지만 참고 이렇게 말했다.

"그래! 그럼 이번에는 혼자 놀이터에 가서 신나게 놀자."

아이는 대단한 상을 받은 듯 기분이 좋아졌다.

놀이터는 네덜란드 아이들의 진정한 놀이 공간이다. 늘 아이들로 붐빈다. 비가 세차게 올 때를 제외하고는 여름이고 겨울이고 가릴 것 없다. 부모 역시 아이들을 일정 시간 놀이터에서 놀게 한다. 저녁 시간이 되기 전까지 놀이터에 풀어놓고 한 시간 정도 넉넉히 뛰어놀게 만든다. 그렇게 뛰어놀고 들어온 아이들이 저녁을 얼마나 맛있게 먹을지는 굳이 말 안 해도 알 수 있을 것이다.

네덜란드 아이들은 어릴 때부터 친구들과 어울려 스포츠를 많이 즐기는 편이다. 필드하키도 인기 종목이고, 축구는 남녀 학생 모두가 즐기는 대중적인 스포츠다. 그들은 스포츠를 엄격한 코치 아래서 배우거나 치열하게 경쟁하지 않는다. 철저하게 즐기며 운동한다. 축구장에는 아빠들이 나와 자원봉사를 하며 함께 뛰는 경우가 매우 흔하다. 친구, 가족과 어울려 뛰는 과정을 통해 공동체 의식을 높이고, 타인과의 관계를 돈독히 할 수 있는 환경이다. 무엇보다도 대자연의 건강한 기운이 아이들에게 잔뜩 깃든다. 아이들은 몸도 건강하고 마음도 더없이 건강한 성인으로 자랄 수밖에 없다.

우리나라에서 축구나 농구 등 스포츠를 배우러 가서는 친구들과의 경쟁이나 무서운 코치의 기세에 눌려 상처를 입었다는 사례를 종종 접한다. 운동선수가 아니고서야 스포츠를 즐기면서 체력을 키우는 게 최고의 목적일 텐데, 굳이 아이들에게 육체적으로 그리고 정신적으로 힘든 경험을 하도록 할 필요가 있는지 모르겠다. 아이들은 주말에 학교 운동장에서 공을 차며 노는 것만으로도 충분히 몸과 마음이 건강해질 수 있다. 지금의 놀이터는 그야말로 아무도 가지 않는 빈 공터가 되어버렸지만, 놀이터에서 뛰어노는 시간이 많을수록 우리 아이들이 자연으로부터 받는 선물도 그만큼 많아질 것이다.

8-2 자연과 벗이 된 삶이 유익한 새로운 이유

지루했던 겨울이 지나고 5월이 되면 네덜란드의 풍경은 조금씩 변하기 시작한다. 여전히 바람은 차고 파카를 입어야 하는 날도 종종 있지만, 나무는 새싹을 틔우고 넓은 벌판도 점점 초록으로 물들어간다. 네덜란드의 5월은 나에게 희망과 기대감을 주는 계절이었다. 따뜻한 햇살을 좀 더 자주 느낄 수 있는 계절로 들어서는 길목이기 때문이다.

네덜란드의 국토 전체는 목가적인 풍경 자체다. 네덜란드 사람들은 이런 목가적인 풍경을 잘 보존하며 그 안에서 생활의 편의를 추구한다. 네덜란드 어디를 가도 자연 그대로의 아름다움을 만끽할 수 있다. 가끔은 너무 자연스러움을 강조한 나머지 어수선하고 지저분해 보일 때도 있다. 도로변이나 운하 주변에 풀과 나뭇가지가 삐죽삐죽 나와 있기도 하다. 하지만 더럽지 않고 냄새도 나지 않는다. 오히려 물 위를 유유히 떠가는 오리나 백조를 보면 가공 없는 자연미를 느낄 수 있다.

한 번은 동네에서 꽤 가까운 스테이크 하우스에 갔다. 식당 내부는 인테리어가 꽤 멋졌고 종업원들도 아주 세련된 매너로 서빙을 했다. 만족스럽게 저녁을 먹고 나오면서 눈에 띈 광경을 마주하고는 카메라를 켜지 않을 수 없었다. 레스토랑 옆에 작은 운하가 흐르고 말 한마리가 한가로이 풀을 뜯고 있는 것 아닌가. 점잖고 모던한 분위기의 레스토랑 바로 옆에서 풀을 뜯고 있는 말의 모습은 영락없이 인상파 화가가 그려놓은 화사한 파스텔 톤의 그림이었다. 우리 가족은 마치 순간 이동을 해서 초원 한가운데 서 있는 기분을 느꼈다.

깔끔하고 세련된 내부 인테리어를 갖추고 있는 네덜란드의 많은 음식점 창밖으로는 풀과 물과 하늘, 그리고 유유자적하는 동물들이 보인다. 자연 속에서 자연을 섭취하는 느낌이랄까. 내가 먹는 음식까지 오염되지 않은 자연식일 것 같다는 안도감이 든다.

내 아이들이 다니던 학교 건물 중 하나는 오래된 마구간을 개조해서 만들었다. 외관은 딱 마구간 느낌이고 문 앞에 커다란 젖소 조각품을 가져다 놓았다. 어린 학생들은 그 앞을 왔다 갔다 하면서 젖소를 만지기도 하고 그 위에 올라타기도 한다. 건물 곳곳에 마구간의 흔적이 고스란히 남아 있고 건물 천장도 사선으로 기울어져 있다. 물론 학교 주변도 온통 풀밭에다가 주변으로는 작은 운하가 흐른다. 쉬는 시간마다 교실 밖으로 뛰어나온 아이들은 그 자연 속에서 까르르 웃으며 마음껏 뛰논다.

네덜란드는 어디를 가도 건물 내부가 깨끗하게 정돈돼 있지만 건물 밖 주변 환경은 가능한 한 자연 그대로 보존하는 편이다. 수도 암스테르담이나 행정 수도 헤이그 혹은 무역 도시 로테르담은 약간 예외이지만 말이다. 이런 도시들을 제외한 네덜란드의 일반적 풍경 속에서 목가적 아름다움에 취할 만하다. 그들은 발전을 자연을 훼손하면서 일궈내야 하는 그 어떤 것이라고 생각하지 않는다.

네덜란드 엄마들이 아이들과 가는 곳은 모두 자연 친화적 공간이다. 애써 그렇게 조성해놓은 곳을 찾아가지 않아도 된다. 삶의 공간 자체가 자연이기 때문이다. 네덜란드의 평범한 주택에는 작은 정원이 있다. 작고 아담한 공간이다. 그런데 사람들은 그 공간을 얼마나 정성스럽게 가꾸는지 모른다. 주택가를 걸으며 각 가정의 작은 정원을 구경하는 것만으로도 흥미롭다. 그 집에 살고 있는 사람들의 개성이 드러나는 세상에서 단 하나뿐인 아담한 정원이다.

네덜란드 부모들은 아이들과 그 작은 공간을 함께 가꾸고 다듬는 것을 소중한 일과로 여긴다. 어딜 가더라도 네덜란드 아이들은 자연을 늘 접한다. 도시에서 태어나 살면서 자연을 굳이 찾아 떠나야 했던 내 경험과는 사뭇 달랐다. 네덜란드 아이들의 표정이 편안하고 성인이 되어서도 삶이 평화로운 이유가 아닐까. 늘 자연 속에 있으면 나쁜 마음이 생길 수 없다.

우리 조상도 자연을 사랑하는 민족이었다. 산수화를 보면 산과 물과 하늘과 바람 속에서 여유롭게 삶을 즐겼음을 알 수 있다. 자연을 주제로 읊은 시조는 또 얼마나 많은가. 그런데 요즘 우리 아이들의 삶은 참 삭막해졌다. 말할 것도 없이 힘겨운 경쟁을 이겨내자니 어떻게 해볼 도리가 없다.

아이의 미래를 걱정하는 부모 입장에서 자연을 벗 삼아 사는 삶은 그저 허망한 구호처럼 들린다. 다소 막연한 추측일지 모르겠으나 미래에는 자연과 인간의 본성에 민감한 사람에게 더 많은 기회가 있지 않을까 싶다. 4차 산업혁명 사회에서 아이들이 살아갈 삶은 상상도 못할 만큼 혁신적일 것이다. 그렇다면 무엇을 대비해야 할까. 아무리 AI의 영역이 넓어지더라도 인간의 근원인 자연의 본성을 체득하는 것만큼은 불가능하지 않을까 싶다. 자연과 벗 삼는 것까지는 아니더라도 당장 자녀의 방에 화분 하나라도 들여놓자.

8-3
자연 속에서 저절로 획득한 경쟁력

승마라고 하면 특정 계층이 즐기는 고급 스포츠로 인식되어 있다. 실제로도 승마는 적지 않은 비용이 들어가는 스포츠다. 그러다 보니 올림픽 승마 종목에 출전한 선수 중 상당수가 왕족, 귀족, 상당한 자산가의 자제인 경우가 많다. 당장 말 한 필만 해도 억 단위, 십억 단위를 호가하니 일반인이 감히 엄두를 내지 못하는 것은 당연하다.

어느 날 막내딸이 친구 줄리아의 생일 파티에 초대를 받았다. 네덜란드에서 처음 사귄 가장 친한 친구였다. 그런데 파티 장소가 승마장이었다. 승마복을 사 입혀서 보내야 하나? 말이라고는 구경도 못해본 딸인데 어떻게 하지? 이런저런 고민을 하다 초대한 친구 엄마한테 드레스코드를 물어봤더니 아주 유쾌하게 이런 대답을 했다.

"아무 걱정하지 말고 그냥 편한 차림으로 오면 돼요."

생일날, 막내를 데리고 승마장으로 갔다. 실내 승마장에는 초대받은 친구들이 올망졸망 모여 있었다. 아이들은 전문가의 안내에 따라 말 위에 올라타고 승마장을 도는 등 즐거운 시간을 가졌다. 엄마들은 창문 너머로 아이들이 노는 모습을 지켜보았다. 막내는 처음엔 말을 무서워하는 듯했으나 안전하게 진행되는 각종 놀이를 통해 이내 말과 매우 가까워졌다.

네덜란드에서 길을 걷다 보면 말을 타고 따그닥 따그닥 소리를 내며 지나가는 사람을 심심치 않게 볼 수 있다. 어떤 때는 강습 선생님과 학생인 듯한 사람이 나란히 말을 타고 가볍게 달리는 모습도 목격한다.

네덜란드에는 말을 키우는 농장이 많기 때문에 승마는 특별히 귀족적인 고급 스포츠가 아니다. 승마를 배우는 비용도 그다지 비싸지 않다. 그래서 자세 교정이나 근육 강화 등의 목적으로 승마를 하는 경우가 많다. 넓디넓은 대자연의 바람을 가르며 달리는 것이 좋아서 승마를 하기도 한다. 승마를 가르치는 사람도, 배우는 사람도 복장이나 외모에는 하나도 신경을 안 쓴다. 꼭 필요한 안전 도구만 갖추었을 뿐 편안한 차림으로 자연 속에서 말과 하나가 되어 달린다. 네덜란드 사람들에게 승마는 자연과 함께 숨 쉴 수 있는 스포츠다.

또 하루는 아들이 같은 반 친구 아이삭의 생일 파티 초대를 받았다. 집에서 생일 파티를 한다고 해서 알려준 주소로 찾아갔다. 우리 집에서 차로 10분 정도 떨어진 곳이었다. 도착한 순간 입이 떡 벌어졌다. 넓디넓은 농장 한가운데 작은 문이 하나 있기는 한데 집은 어디에도 보이지 않았다. 문에는 아이의 생일 파티가 벌어지고 있음을 알리듯 풍선과 각종 카드가 장식되어 있었다. 주소를 몇 번 확인해도 그곳이 맞았다. 그래서 문 안쪽으로 길게 뻗은 길을 따라 한참을 들어갔다. 얼마나 달렸을까. 비로소 파티가 벌어지고 있는 저택이 보였다.

아들에 의하면 그 친구네는 농장을 운영한다고 했다. 그러니까 그 넓은 농장이 전부 자기네 집이었다. 친구의 아빠는 바비큐를 굽고, 야외 식탁에는 과일과 아이들이 좋아할 만한 스낵 및 음료수가 잔뜩 차려져 있었다. 한쪽에는 자그마한 풀장이 있고, 또 한쪽에는 토끼와 오리를 키우는 작은 우리들도 보였다. 꽤 쌀쌀한 날씨였음에도 아이들은 아랑곳하지 않고 풀장으로 첨벙 뛰어들었다. 더러는 농장에서 키우는 작은 동물들과 놀기도 했다.

아이를 그냥 내려만 주고 다시 시간 맞춰 데리러 오려던 나는 자연 한가운데 펼쳐진 그 동화 같은 광경에 홀려 계속 머물렀다. 다른 부모들과 담소를 나누고 샴페인을 마시기도 했다. 아이삭의 부모도 아들 생일 파티에 와줘서 고맙다며 반겨줬다. 그 부부는 참 소탈하고 푸근했는데 누가 보더라도 자연을 진심으로 사랑하는 사람이었다. 부모도, 아들 아이삭도, 집도, 주변 환경도, 음식도 어느 것 하나 인위적으로 꾸며놓은 것이 없었다. 모든 상황이 자연과 너무나도 완벽하게 어울렸다.

아들과 나는 그렇게 환상적인 자연을 체험할 수 있었다. 집으로 가기 위해 농장 길을 되돌아 나올 때, 하늘의 빛깔과 여기저기서 한가로이 풀을 뜯고 있는 양과 말의 모습이 지금도 내 기억 속에 한 폭의 그림처럼 선명하게 남아 있다. 아무리 셔터를 누르며 사진을 찍어도 그 감동을 표현해낼 수 없었다.

이렇게 아이들의 생일 파티에 다녀온 뒤, 매일매일 자연을 느끼며 살아가는 네덜란드 아이들의 환경이 얼마나 행복한지 새삼 느꼈다. 우리나라에서는 자연을 체험하겠다는 명목으로 적지 않은 비용을 부담하고, 팀을 짜고, 일부러 때와 장소를 고른다. 하지만 바로 그 순간부터 오히려 자연다운 자연은 사라진다고 생각했던 터라 네덜란드에서의 이 경험이 더 큰 울림으로 다가왔다.

네덜란드에서는 자연이 곧 그들의 삶이다. 하지만 네덜란드는 왠지 자연과 안 어울리는 듯한 IT, 무역, 디자인도 세계적 경쟁력을 자랑한다. 그 이유는 자연을 한껏 느끼며 살아갈 때 창의력과 감성이 극대화되기 때문 아닐까. 창의력 있는 아이로 키우려면 아이들을 책상 앞에 가두어놓지 말고, 가능한 한 밖으로 내보내 자연을 접할 수 있도록 해야 한다. 무심한 듯 늘어선 가로수일지라도 나무를 느끼고 잎사귀를 바라볼 수 있도록 해주자.

8-4
정말로 항생제보다 자연의 치유력이 나을까

내 아들은 어릴 때부터 중이염을 자주 앓곤 했는데 네덜란드에 도착한 지 일주일 만에 그 증세가 도졌다. 이번에는 베개에 피가 묻어날 정도로 심각했다. 아직 보험이나 병원에 대한 정보가 하나도 없던 상황이라 어찌할 줄 모르고 당황했다. 다행히 지인들의 도움을 받아 겨우 종합병원으로 달려갈 수 있었다.

한국에서는 중이염이 발병하면 무조건 항생제 처방을 받았다. 15일치 항생제를 다 먹어야 했다. 그래야 내성이 생기는 걸 방지할 수 있었기 때문이다. 언론에서는 항생제 처방 과잉이라는 우려 섞인 보도가 있었으나, 아이가 당장 중이염으로 고생하고 귀에서 피고름이 나오는데 그런 유해성 논란을 한가하게 지켜보고 있을 부모는 많지 않을 것이다. 나조차도 항생제를 잘 쓰면 유익하지 않느냐는 쪽이었으니 말이다.

아이의 귓속을 들여다본 네덜란드 의사가 활짝 웃으며 말했다.

"아직은 그렇게 심각하지 않네요. 며칠 두었다가 낫지 않으면 그때 또 보도록 하죠."

일단 그렇게 심각하지 않다는 의사의 말에 안도의 한숨이 나왔다. 그런데 한편으로는 증상이 호전될 만한 항생제 처방을 해주지 않는 게 좀 불안했다. 다행히 아이는 그 뒤로 감쪽같이 나았고 우연일지 모르겠으나 지금까지 한 번도 중이염이 재발하지 않았다.

사실 네덜란드에서는 어지간해서 항생제 처방을 해주지 않는다는 걸 알고 있었기에 단단히 준비를 하고 있던 터였다. 아울러 네덜란드에서 지내는 동안 항생제 투여 한 번 없이 큰 병을 앓지 않았다는 걸 감사할 뿐이다.

감기도 마찬가지다. 감기로 병원을 찾는 사람은 거의 없다. 더욱이 감기로 약을 처방받는 경우도 없다. 감기에 걸리면 그냥 따뜻한 물을 많이 마셔 수분을 충분히 보충하고, 영양가 있는 음식을 많이 먹으며 푹 쉬라고 할 뿐이다. 소아과에서도 단순히 감기에 걸린 어린이는 볼 수가 없다.

하루는 아이가 열이 좀 나는 것 같아 약국으로 뛰어갔다. 병원에는 가봐야 소용없다는 걸 알고 있었기 때문이다. 약사에게 열을 내리는 약을 좀 달라고 했더니 이런 대답이 돌아왔다.

"열 내리는 약은 없고, 그런 약을 복용하는 게 아이한테 도움이 될지 잘 모르겠네요."

그러면서 진통제가 있기는 하다고 덧붙였다.

그 이후 한국에서 해열진통제를 공수해 비상용으로 두기는 했지만 아이들이 그걸 복용하는 일은 없었다.

여기서 항생제는 좋은가 나쁜가, 감기에 걸렸을 때 병원에서 주사를 맞는 게 좋은가 나쁜가 하는 논란을 일으킬 생각은 추호도 없다. 그건 아이 상황에 따라 다르고, 환경에 따라 다르고, 부모의 주관에 따라 달라질 문제이기 때문이다.

다만 내가 경험한 네덜란드 엄마들과 네덜란드 의료진은 자연 치유력에 큰 믿음을 갖고 있다는 점이 인상 깊었다. 그들은 평소 면역력을 잘 키워놓으면 어지간한 질병쯤은 스스로 이겨낼 수 있다고 믿는다. 병원보다는 건강한 생활 습관에 더 의존한다. 그러다 보니 병원에서는 정말 급하고 중한 환자들이 더 많은 혜택을 보는 이점도 있다.

면역력이 중요하다는 데는 두말할 나위 없이 모두가 동의할 것이다. 아이를 너무 꽁꽁 감싸고 유난스럽게 보호하면 스스로 이겨낼 면역력을 충분히 길러내지 못할 게 자명하다. 아이가 충분한 휴식과 숙면을 취하고, 규칙적인 생활을 하고, 적당한 수준의 운동을 하고, 영양가 있는 식품을 골고루 섭취하면 면역력은 자연스레 높아진다. 어떻게 보면 아플 때 약을 먹는 것보다 어려운 일일 수도 있다. 입시 경쟁과 조기 교육에 휘둘리는 우리 아이들이 충분한 휴식과 적당한 운동과 숙면을 누리기는 쉽지 않아 보이기 때문이다. 그렇더라도 모름지기 엄마라면 자연과 가장 가까운 섭리, 즉 아이의 면역력을 키우는 걸 소홀히 할 수는 없다.

8-5
네덜란드 할머니의 반려견 자랑

네덜란드의 할머니들은 늘 여유로운 모습이다. 프랑스나 이탈리아의 할머니처럼 우아하고 아름답게 멋을 내는 것은 아니다. 할머니들은 칠 부 정도 길이의 치마에 노란색이나 주황색 카디건을 걸치고 자신만만하게 자전거로 도로를 누빈다. 팔랑대는 바지에 단정한 블라우스를 걸치고 그 위에 패딩 재킷을 입은 할머니들도 있다. 화려하지는 않지만 그 누구보다 다정하면서 당당해 보인다.

늦은 오후의 햇살이 따갑고도 눈부신 날이었다. 집 앞에서 놀이터를 향해 아이들과 함께 뛰어가는데, 반대편에서 어떤 할머니가 귀여운 강아지를 끌고 오는 모습이 보였다. 유난히 강아지를 좋아하는 아이들은 강아지와 할머니 앞에 멈춰 섰다. 그러고 넋 놓고 강아지를 바라보며 귀엽다는 감탄사를 연발했다.

그 모습을 본 할머니는 아이들에게 강아지를 만져도 좋다고 일러주면서 이런저런 얘기를 늘어놓기 시작했다. 물론 내가 전혀 알아듣지 못하는 네덜란드어로 말이다. 하지만 짐작하건대 강아지가 얼마나 대견한지 잔뜩 자랑을 하는 것 같았다. 그 표정이 참 진지했고 마치 자식을 대하듯 강아지에 대한 애정이 뚝뚝 묻어났다. 그 뒤로 길에서 자주 그 할머니와 강아지를 마주

쳤고, 그때마다 할머니는 아이들과 내게 강아지와의 일상에 대한 이야기를 들려주었다. 네덜란드어를 알아듣지 못해서 무슨 내용인지는 몰랐지만 말이다.

네덜란드의 주택은 그다지 넓지 않다. 좁고 높게 설계되어 있는 것이 특징이다. 그래서일까 덩치 큰 개보다는 자그마한 소형견이 더 눈에 띈다. 체격 건장한 사람들이 자그마한 강아지를 데리고 다니는 모습이 솔직히 아주 잘 어울리는 모양새는 아니다.

그런데 자연주의를 지향하는 네덜란드에서는 의외로 가정에서 강아지나 고양이를 키우는 경우가 그리 많지 않다. 키우더라도 강아지에게 귀엽고 앙증맞은 옷을 입히거나 유난스러운 소품을 마련해 갖고 다니지 않는다. 강아지 미용도 딱히 많이 시키는 것 같지 않고 애견용품 숍도 드물다.

그렇지만 일단 자신이 키우는 동물에 대해서는 애정을 담뿍 주는 모습을 그들의 눈빛에서 읽을 수 있다. 목줄을 매고 걷더라도 한 가족 혹은 동반자 같은 느낌이 더 많이 풍긴다. 동네에서 자주 만나던 그 할머니의 눈빛에서도 외로움 같은 건 전혀 볼 수 없었다. 지금도 궁금하다. 그 할머니가 그때 강아지에 대해 구체적으로 어떤 자랑을 했는지 말이다.

내 아이들도 강아지를 키우고 싶어서 안달이다. 하지만 나는 강아지를 한 가족처럼 여기며 함께 지낼 자신이 없었다. 아이들에게 강아지를 키우면 아이처럼 목욕도 시켜주고 대소변도 처리해줘야 할 뿐 아니라 운동도 시켜줘야 하는데 그걸 감당할 수 있겠냐고 물었다. 대답은 긍정 반 부정 반이었다. 그래서 아이들 역시 아직은 강아지를 키울 준비가 안 된 것 같다고 결론 내렸다.

동물을 사랑하는 마음을 갖는 것은 좋다. 강아지처럼 작고 약한 동물을 사랑함으로써 배려하는 마음을 키울 수도 있다. 요즘처럼 외동아들, 외동딸이 많은 시대일수록 더 그렇다. 예외는 어디에나 있겠지만, 동물을 진정 사랑하는 사람치고 악한 마음으로 세상을 사는 경우는 드물다. 자연을, 생명체를 사랑하는 마음을 알기 때문이다.

다만, 일상에서 튀지 않는 방식으로 자연스럽게 동물과 함께하는 것이야말로 아이들에게 정서적으로 건강한 환경이 될 것이라고 믿는다. 우리 아이들에게 자연을 사랑하는 마음을 심어주자.

8-6
청정한 공기 속에서 달리는 자전거

네덜란드에는 희한한 광경이 있다. 엄마가 아이 두 명이나 세 명을 수레에 태우고 자전거로 끌고 가는 모습이다. 이렇게 아이들이 앉아 있는 수레를 자전거에 연결한 것을 바크피츠(bakfiets)라고 부른다. 처음에는 정말 깜짝 놀랐다. 다리 힘이 얼마나 세면 아이가 둘, 셋씩 앉아 있는 수레를 자전거로 끌고 갈 수 있을까. 아무리 어릴 때부터 자전거가 생활화되었더라도, 대부분 평지에 자전거 도로가 워낙 안전하더라도, 아무리 여자는 약하지만 엄마는 강하다 하더라도 대단히 인상적이었다. 나중에 전해 들은 얘기지만 발전기를 장착한 바크피츠였다. 페달을 밟는 데 힘을 더해주는 장치를 갖춘 자전거다.

자전거에 익숙하지 않은 나는 아이들을 데리러 오갈 때 승용차를 이용했다. 하지만 네덜란드 엄마들은 열이면 아홉이 자전거를 탔다. 비가 오거나 바람이 불어도 아이들을 태우고 힘차게 자전거 페달을 밟았다. 엄마들에게 다이어트 효과는 만점이고 다리 근육이 튼튼해지는 효과도 생긴다.

네덜란드에서 가장 좋았던 점 중 하나를 꼽으라면 맑고 깨끗한 공기다. 깊게 숨을 들이쉴 때마다 폐 속까지 깨끗해지는 그 청량함이 좋았다. 무엇보다도 길에는 자동차가 그렇게 많지 않다. 대신 전 국토에 자전거길이 촘촘하게 연결되어 있다. 자전거는 네덜란드에서 가장 우대받는 교통수단이다. 국토가 넓지 않은 네덜란드에서 사람들이 모두 승용차로 이동한다면 교통지옥이 될 것은 불을 보듯 뻔하다. 매연과 각종 오염 물질로 공기가 얼마나 탁해질지 가히 상상이 되고도 남는다. 이런 점을 우려한 듯 네덜란드는 정책적으로 전 국민이 자전거를 이용할 수 있도록 기반 시설을 단단히 닦았다.

자전거는 아무리 많은 사람이 타더라도 대기 오염을 발생시키지 않는다. 자전거를 탈수록 사람들은 건강한 공기를 마시며 몸도 마음도 더 상쾌해진다. 자전거가 본격적인 교통수단이다 보니 네덜란드에서는 자전거에 라이트를 다는 것이 법으로 규정되어 있다. 밤이나 어두운 길에서 자전거를 운행할 때에는 라이트가 필요하기 때문이다. 그런데 어떤 자전거는 페달 밟는 힘을 통해 라이트를 밝히는 에너지를 충당하기도 한다. 자전거를 타면서 에너지도 생산해내는 셈이다. 네덜란드 사람들의 자연 보호 방법이다.

최근 우리나라는 황사와 미세먼지로 인해 대기 오염 수준이 상상을 초월한다. 목이 아프고 따가울 정도로 공기가 오염되고 있다. 황사가 심할 때는 야외에 세워놓은 자동차 위에 노란색 먼지가 소복하게 앉은 것을 눈으로도 확인할 수 있을 정도다. 이런 대기 상태를 보면서도 환경을 보호하자며 자동차 대신 자전거를 타고 다니라고는 할 수 없을 것이다. 하지만 최소한 공기가 깨끗할 때에는 한 번쯤 자동차 대신 자전거, 아니면 튼튼한 두 다리로 걷는 습관을 아이들에게 키워주는 것이 좋겠다. 배기가스가 나오지 않는 만큼 대기는 깨끗해지고 내 아이는 그만큼 더 건강해진다.

네덜란드식 자유의 삶: 자유는 가장 효율적인 자기 통제다

The Power of
Dutch Mother

9-1
책임감이 있으면 자존감 없으면 자아도취

네덜란드 엄마들은 자녀의 말을 중간에 자르지 않는다. 아이들의 얘기를 경청하고 그 뒤에 자신의 의견을 말한다. 십대 아이가 이성 친구를 사귄다고 할 때도 "학생이 무슨 이성 교제냐"라고 딱 잘라 말하기보다는 아이한테 바짝 다가가며 "그래? 어떤 친구니? 너는 그 아이가 왜 좋아?"라고 묻는다. 그리고 이성 문제에 대해 마치 친구처럼 이야기를 나누는 게 일반적이다.

선생님이 수업 시간에 어떤 이론을 얘기하면 거기에 동의하지 않는 아이들은 손을 들고 그 이유를 좀 더 자세히 설명해달라고 말한다. 자기는 반대한다고 얘기하면서 말이다. 그럼 선생님은 그 질문을 반갑게 받아들이면서 학생이 충분히 이해하고 수긍할 때까지 친절하게 설명한다. 이때 같은 반의 그 누구도 '왜 저런 질문을 하면서 시간을 끌지?'라고 생각하는 아이는 없다. 이렇게 자신의 질문을 존중받으며 자라는 아이들은 자기 의견을 자유롭게 피력하는 걸 전혀 주저하지 않는다. 외국인 눈으로 볼 때 어른에 대한 공경심이 부족한 것 아닌가 싶을 정도로 네덜란드 아이들은 당당하다.

최근 우리나라에는 '자존감'이 화두가 되고 있다. 아이의 자존감을 높이기 위해서는 부모의 자존감도 높아야 한다며 각종 방법을 제시한다. 전부 도움이 되는 말이고, 알아두면 분명히 유용하다. 그런데 네덜란드 아이들은 대개 자존감이 매우 높다. 그래서 부모들은 따로 자녀의 자존감을 높이는 데 관심이 그렇게 높지 않은 편이다. 아니, '자존감 높이기'라는 것이 사회적 화두가 되지 않는다.

네덜란드 아이들의 자존감이 높은 이유는 여러 가지가 있겠지만 딱 드러나는 가장 큰 요인은 바로 자신의 얘기를 늘 경청하는 사회에서 살아가기 때문이다. "어린 네가 뭘 안다고." "너는 그냥 듣기나 해." "어른이 하는 말은 잠자코 들어야지." 이런 식의 말은 상상할 수 없다.

아이를 인격체로 존중할 때 자존감이 자란다. 자존감의 뜻은 '자신을 존중하는 감정'이다. 그러니 어릴 때부터 존중받는 아이들이 자존감 높은 성인으로 성장하는 것은 당연하다.

자존감과 책임감은 통한다. 자신을 존중하는 마음가짐이 있으면 행동과 말도 그만큼 귀하기 때문에 책임질 수 있는 선에서 언행을 표출한다. 그리고 책임감 있는 언행을 하는 과정에서 스스로를 존중하게 된다. 이러한 책임감이 결여된 자존감은 전혀 도움이 안 되는 자아도취일 뿐이다.

네덜란드 부모가 아이들의 말을 경청하는 것은 아이가 자기 행동에 책임을 질 것이라는 사실을 잘 알고 있기 때문이다. 네덜란드 아이들은 매우 자유로운 가정 환경에서 자란다. 여행, 진로, 심지어 누구와 동거하는 것조차 온전히 자유다. 부모는 간섭하지 않는다. 네덜란드 엄마들은 '이건 하고 저건 하지 마'라고 말하는 대신 '이렇게 할 경우 이런 책임을 져야 하고, 저렇게 할 경우 저런 결과를 감당해야 해. 그리고 그건 바로 네 몫이야'라고 알려준다.

따라서 아이들은 스스로의 인생에 대해 책임지는 습관이 일찌감치 몸에 밴다. 그리고 책임지는 하루하루를 살면서 자존감이 쑥쑥 높아간다. 엄마들이 무관심하거나 아이의 버릇을 망쳐놓는 것이 아니다. 책임감이라는 전제 아래 자유를 허용한다.

반대로, 아이에게 스스로 결정하고 책임지는 경험을 제공하지 않는 육아, 엄마가 하라는 대로 순종하면 된다고 말하는 양육 스타일은 자존감뿐 아니라 책임감도 약화시킬 우려가 있다.

9-2 다름과 틀림을 구분하는 다양성 교육

네덜란드는 전 세계에서 동성애 결혼을 최초로 합법화한 나라다. 그만큼 개인의 성향이나 특성을 존중한다. 전 세계 게이들의 축제인 '유로스타 페스티벌'도 암스테르담에서 펼쳐지고 공영 방송에서는 이를 중계한다. 그뿐 아니라 암스테르담에서는 이따금 게이들이 광장에서 소규모 페스티벌을 열기도 한다. 네덜란드는 기독교 국가다. 종교적 관점에서 볼 때 게이는 얼마든지 논란의 여지가 있을 수 있다는 얘기다. 나는 여기서 동성애와 관련해 종교적·윤리적 논쟁을 할 생각이 추호도 없다. 단지 네덜란드가 개인의 성향에 대해 그 어떤 차별도 하지 않는 사회임을 강조하고 싶을 뿐이다.

나도 처음에는 적잖이 놀랐다. 아이들과 동물원에 갔는데, 유모차를 끌고 나란히 걸으며 다정한 모습을 보이는 '게이' 부부가 우리 앞으로 다가왔다. 그들은 여느 부부와 다름없이 아이와 함께 동물을 관찰하고 마주 보며 얘기를 나누었다. 그러나 그들을 쳐다보거나 뒤에서 수군거리거나 손가락질하는 사람은 전혀 없었다.

이는 나에게 문화적 쇼크였다. 아무리 동성애 결혼을 합법화했다 해도 게이 부부가 유모차를 밀며 가는 모습은 놀라왔다. 네덜란드 사람들에게 게이 부부는 보통의 부부와 다르지 않다. 그들에겐 남이야 어떻게 살아가든 관심거리가 아니다.

쇼크로 시작된 나의 경험은 이내 부러움으로 변했다. 왜냐하면 남의 시선을 신경 쓰지 않아도 되는 사회는 사는 게 얼마나 가뿐하고 편안할까 싶었기 때문이다.

우리나라에서 동성애는 그야말로 뜨거운 감자다. 특히 정치권에서는 동성애에 대한 관점이 검증의 잣대로 등장하는 단골 소재다. 그리고 이와 관련해 종교계, 언론계, 각종 시민 단체, 이익 단체 등이 각자의 이론을 내세우며 격론을 벌인다. 고위 공직자 후보가 동성애에 대해 어떤 의견을 갖고 있는지 눈을 크게 뜨고 지켜본다. 이에 당사자들은 들어도 무슨 말인지 모를, 이도 저도 아닌 모호한 답변으로 일관한다. 명확하게 자기의 신념을 밝히면 반대 집단의 지탄을 받을 게 불을 보듯 뻔하기 때문이다.

하지만 이는 요점을 빗나간 논쟁이다. 동성애 지지 여부보다 먼저 물어야 할 중요한 것이 있다. 나와 다른 사람, 사회적 소수자 대해 어떤 생각을 갖고 있는가? 과연 다수는 '정상'이고 소수는 '비정상'인가? 이런 것부터 묻는 것이 옳다.

연예인이 커밍아웃을 하면 한동안 방송 활동에 제약을 받는다. 그 이유 중 하나가 아이들에게 교육적으로 좋지 않은 영향을 미친다는 것이다. 그렇다면 과연 방송은 아이들에게 유익한 내용만 방영하고 있는가. 끔찍한 살인 사건이나 선정적인 장면, 언어폭력, 지나친 위화감 초래 등도 아이들 교육에 아주 나쁜 영향을 미친다.

우리나라에서 동성애 논의는 여전히 뜨겁고 동성애를 아무렇지도 않게 받아들이기에는 분명히 시기상조다. 그러나 동성애에 대한 네덜란드 사람들의 태도에서 우리가 배울 점은 있다. 개인의 성향을 갖고 차별해서는 안 된다는 신념이다. 개인의 성향을 정치적으로 이용해서도 안 되고 그로 인해 누구도 불이익을 받아서는 안 된다.

우리 모두는 열린 마음으로 '다름'을 받아들여야 한다. 논쟁이 되고 있는 이슈에 대해 '이건 나쁜 것이고 저건 옳은 것'이라는 식으로 부모가 나서서 선을 그어주는 것은 위험하다. 아이에게 스스로 판단할 기회를 열어주는 것이 더 좋지 않을까. 그런 다음, 엄마의 의견을 들려줘도 늦지 않다.

아이가 열린 마음으로 세상을 바라볼 때 제대로 된 토론을 할 수 있고, 당당하게 자신의 의견을 피력하는 인물로 성장할 것이다. '다름'이 '틀림'이 아닌 사회를 실현하기 위해서는 엄마의 눈이 아니라 아이의 눈으로 다양한 삶의 모습을 편견 없이 바라볼 수 있도록 하는 용기가 필요하다. 판단은 각자의 몫이지만 말이다.

9-3
내 삶은 나의 것 죽음도 나의 선택

요즘 우리나라에서도 연명 치료를 중단하는 존엄사에 대한 논의가 활발해지기 시작했다. 실제로 2017년 11월 첫 합법적 존엄사가 이루어지기도 했다. 존엄사니 안락사니 하는 주제는 불과 얼마 전까지만 해도 공개 석상에서 차마 입에 올리기 민망한 단어였다. 우리나라에는 죽음을 경외시하는 유교 문화의 뿌리가 깊기에 누군가의 목숨을 인위적으로 멈추는 것을 받아들이기 쉽지 않아서였을 것이다.

네덜란드는 2002년 4월 세계 최초로 안락사를 합법화했다. 물론 참을 수 없는 통증으로 고통받고 더 이상 생존 가능성이 없는 경우에 한해서다. 참고로 존엄사와 안락사는 그 의미가 좀 다르다. 존엄사는 무의미하게 연명 치료를 진행하는 상태에서 인공호흡기 같은 의료 행위를 중단함으로써 인간의 존엄을 유지하며 자연적으로 죽음을 맞이하도록 하는 것이다. 그리고 안락사는 죽음이 임박한 사람의 경우 본인의 의사에 따라 죽음에 이를 수 있도록 하는 것이다. 따라서 안락사가 훨씬 적극적인 행위라고 볼 수 있다. 안락사를 택하기 위해서는 그것이 환자의 자발적 요구이고, 충분한 고민을 했으며, 이를 통해 환자의 고통이 멈출 수 있다는 점을 의사가 증명해야 한다. 이런 안락사에 대해서는 생명에 대한 존엄성을 이유로 논란이 분분하며 아직까지 이를 합법화한 나라는 네덜란드 외에 벨기에, 스위스 그리고 미국의 오리건주 등이다.

네덜란드의 안락사검토위원회(Dutch Euthanasia Review Committee)는 매년 안락사하는 사람의 수를 집계해 보고서를 발간하는데, 그에 따르면 2016년 안락사를 선택한 사람은 6,091명이다. 이는 전년보다 10퍼센트나 증가한 수치로 주로 말기 암, 심각한 심장 또는 폐 질환, 신경계 질환, 치매 등의 환자가 선택했다. 네덜란드의 안락사 수는 증가하는 추세다.

최근에는 한 걸음 더 나아가 '조력 자살법'까지 국회에서 의제로 떠올랐다. 더 이상 살기를 거부하는, 다시 말해 반드시 병으로 고통받지 않더라도 삶을 이미 완성했다고 여겨 자신의 의지와 선택에 따라 죽음을 원하는 노인층이 죽을 수 있도록 도와주는 것이다. 이에 네덜란드 정부의 보건복지부 장관이 의회에 서한을 보냈다. 노인층 사이에서 삶을 마감할 시기에 대한 선택권을 요구하는 목소리가 있기 때문에 개인이 삶을 이미 완성했다고 판단할 경우 조력 자살을 허용할 필요가 있다는 것이다. 이 서한은 굉장한 논란을 낳았고 여전히 갑론을박이 이어지고 있다. 그러나 여기까지 생각이 닿았다는 것만으로도 네덜란드가 개인의 권리를 얼마나 고려하는 나라인지 알 수 있다.

조력 자살법에서 핵심적으로 등장한 개념이 '삶의 완성(completed life)'이다. 긴 삶의 여정을 완성하고 그 삶을 마무리할지 여부를 개인 스스로 결정할 수 있다고 보는 것이다. 삶, 좀 더 구체적으로 생을 마감하는 시기조차도 스스로 선택할 수 있다는 가능성을 국가 차원에서 논의한 것이다. 네덜란드에서 개인의 자유는 삶과 죽음을 선택하는 데까지 확대되어 있다. 이것이 바로 그들이 갖고 있는 자유에 대한 포괄적 개념이다.

죽음은 우리나라에서 조심스러운 소재 중 하나다. 적어도 정상적 사고방식을 가진 사람은 죽음을 가볍게 논하지 않는다. 그렇다고 해서 네덜란드의 사고방식이 틀렸다는 것은 절대 아니다. 안락사와 조력 자살 등은 여전히 생소하지만 그들의 사고방식에서 우리가 재고해볼 부분은 분명히 있다. 누구의 삶이든 철저하게 개인 자신의 것이라는 강력한 신념이다. 내 삶은 내 것이기에 살아가는 방법도 나의 선택이요, 나의 자유인 것이다. 내 삶에 대해서 그 누구도 간섭하거나 이래라저래라 지시할 수 없다. 사회적 압박, 커뮤니티의 분위기 등으로 내 삶이 변경되거나 영향을 받아서는 안 된다고 생각한다. 개인 각자가 살아가는 모양새 그대로 존중받는 것은 네덜란드 사람들에게 당연한 일이다.

아이들에게도 자신의 삶은 스스로 결정할 수 있도록 하는 엄마의 조언이 필요하다. 롤 모델을 만드는 것도 좋고 삶의 커다란 방향성을 함께 결정하는 것은 좋지만, 다른 누군가의 삶의 방식을 함부로 폄하하는 언행을 아이들에게 보여서는 안 된다. 다른 사람이 스스로 선택한 삶의 방식에 대해 우리는 그 내막이나 꼼꼼한 계획을 알 수 없기 때문이다. 비록 겉으로는 아무리 한심해 보이는 선택이라도 우리에겐 남의 삶을 평가할 자격이 전혀 없다. 우리는 아이들에게 이렇게 가르쳐야 한다. 내 삶의 방식을 간섭받아서도 안 되고 남의 삶을 간섭하거나 함부로 평가해서도 안 된다고 말이다.

9-4
결혼이 아니라면 동거도 괜찮아

결혼에 대한 인식은 나라마다 다르며 시대에 따라서도 변한다. 우리나라의 결혼관은 아직 유교적 풍습에 치중해 있는 편이다. 많이 달라졌다고는 하지만 여전히 사회적 편견이 존재한다. 특히 결혼 문제에 있어서 부모님의 '체면'을 구기지 않아야 한다는 인식이 남아 있다. 결혼과 관련해 자주 듣는 말이 있다.

"내 눈에 흙이 들어가기 전까지는 절대로 안 된다."

이처럼 우리에게 결혼이란 남녀 당사자 둘만의 일이 아니다. 가족과 가족이 합치는 큰 규모의 행사다. 그런 만큼 일단 결혼이란 얘기가 나오면 그 집 부모가 어떤 며느리 어떤 사위를 얻었는지 주변의 관심이 매우 크다. 당사자들의 러브스토리나 새롭게 탄생하는 커플이 가진 삶의 포부 등은 묻지 않는다. 신혼집은 몇 평이고 살림살이는 어디서 어떤 수준으로 마련하는지, 예물과 예단은 어느 정도인지 궁금해하면서 말이다.

이런 사회 분위기에서 "결혼은 안 하고 동거만 할래요"라는 자녀의 말에 흔쾌히 찬성할 부모가 얼마나 있을까. 주변 지인들에게 '우리 딸 혹은 우리 아들은 동거 중이야'라고 아무렇지도 않게 말할 수 있는 부모가 얼마나 될까. 내 자녀가 결혼 대신 동거를 한다고 하면 덜컥 걱정이 앞서는 것은 부인할 수 없는 사실이다. 나도 내 아이들이 그런 말을 하면 움찔하지 않을까 싶다.

많은 사람이 남들에게는 결혼하기 전까지 많은 연애를 해보고 다양한 사람을 만나보는 게 좋다고 조언한다. 하지만 내 자식 일이라면 얘기가 다르다. 내 딸은 연애 같은 건 안 해본 조신한 숙녀임을 은근히 강조하고, 내 아들도 여자에겐 관심 없이 열심히 자기 일에만 매진해온 건전하고 전도유망한 청년으로 보이길 원한다.

요즘 우리나라 젊은이들은 육아에 대한 부담과 높은 주거비 혹은 결혼식 비용 등을 이유로 일부러 결혼을 하지 않는 경향이 있다. 이른바 '비혼'을 선택하는 경우가 점점 늘고 있다. 경제적 부담 때문에 결혼은 안 하고 그냥 연애만 하겠다는 것이다. 이것이 사회 문제가 되고 있지만 안타깝게도 마땅한 대책은 없다. 그저 요즘 세태를 걱정만 할 뿐이다. 사고의 틀을 바꿔서 이런 의문을 제기하는 사람은 없다.

'왜 꼭 결혼을 해야만 하는가?'

사회 현실이 지금과 같다면 좀 더 합리적인 대안을 찾아야 하지 않을까. 가족과 지인들을 불러 성대하게 식을 치르고, 번듯한 신혼집을 마련해 아들 딸 낳고 살아야 '정상적인 결혼'이라는 편견에서 벗어나야 한다.

네덜란드 사회에서 동거는 남녀가 삶을 함께하는 또 다른 형태다. 네덜란드 젊은이들은 좋아하는 사람이 생겨 그 사람과 함께 살아야겠다 싶으면 간단하게 결정한다. 그냥 같이 동거를 시작한다. 동거를 하다 결혼하기도 하고, 그냥 계속 동거 상태로 평생을 지내기도 한다. 네덜란드라고 호화 결혼식이 없는 것은 아니다. 마음만 먹으면 얼마든지 화려하고 멋지게 할 수 있다. 혹은 간단히 혼인신고서만 제출하고 끝낼 수도 있다. 주변 눈치 볼 이유도 없고 어떤 선택을 하든 온전히 자유다. 결혼식과 혼인 신고조차 낭비이거나 불필요하다고 느끼는 사람은 그냥 동거를 선택한다. 네덜란드에서 동거인을 '파트너'라고 하며 그 지위는 법적으로 보장받는다. 동거하는 남녀 사이에 태어난 아이도 혼인 신고를 한 부부가 낳은 아이와 똑같은 법의 보호 아래 놓인다.

이러한 시스템 속에서 네덜란드 젊은이들은 자기 삶의 반려자를 찾는 데 누구의 눈치도 보지 않는다. 부모 역시 자녀의 반려자 선택을 존중한다. 아울러 국가는 각 커플이 선택한 삶의 방식에 맞는 행정 절차와 법조항을 만들어 제공한다. 자국 국민들이 어떤 형태의 삶을 살더라도 불편함이나 차별을 느끼지 않도록 말이다.

나는 동거 제도를 찬성하지도, 반대하지도 않는다. 아직까지 그 주제와 관련해 심각하게 고민을 해보지 않았다. 다만 남녀가 만나 사랑하고 생을 공유하는 데 절차나 방식이 뭐 그리 중요할까 싶다. 서로의 관계가 얼마나 돈독하고, 함께함으로써 얼마나 행복한지 여부가 초점이 되어야 한다.

그럼에도 불구하고, 우리는 막상 결혼이란 단어 앞에 서면 보수적인 태도록 변하기 쉽다. 안타깝게도 결혼에 대한 편견 때문에 피해를 보는 측은 주로 여성이다. 여성의 이혼, 재혼, 만혼 등은 자랑스러운 타이틀이 아니다. 행여 결혼을 앞두고 중간에 틀어지면 여성 쪽에 마치 큰 흠결이라도 생긴 듯한 분위기다. 이런 부당한 틀을 깨기 위해서는 결혼 제도에 대한 편견을 먼저 극복해야 한다.

9-5
공인이라도 남의 사생활에는 관심을 꺼요

우리는 아직도 종종 이렇게 묻는다.

"왜 여태 결혼 안 했어?"

"만나는 사람 없어?"

젊은 사람이 연애에만 열중하는 건 그리 고운 시선으로 보지 않으면서 자신들이 결혼 적령기라고 생각하는 딱 그 나이에 결혼을 안 한 젊은이에게는 더 늦기 전에 빨리 시집 장가를 가라고 조언한다. 마치 그 사람의 인생을 심각하게 고민하고 생각해주는 척하면서 말이다. 그러나 실상은 듣는 사람의 입장은 고려하지 않은 채 다짜고짜 한마디 던져놓고 더 이상 관심도 갖지 않는다. 결혼이란 마음대로 되는 것도 아니고 하고 싶은 나이에 할 수 있는 게 아니라는 것을 잘 알면서 말이다. 우리가 언제부터 그렇게 남의 결혼에까지 진심 어린 관심을 가졌는지 궁금하다. 결론부터 말하자면, 상대에게 진정 애정이 있다면 그 사람의 선택을 존중해야 한다.

현직 네덜란드 총리 마르크 뤼터는 쉰 살이 넘은 총각이다. 처음엔 그가 싱글인 이유가 무척 궁금했다. 그래서 네덜란드 사람들에게 물어보았다. 그는 왜 결혼을 안 했는지, 무슨 사연이 있는지, 그의 결혼관에 대해 당신들은 어떻게 생각하는지 말이다. 굳이 변명을 좀 하자면 네덜란드 사회를 더 잘 알고 싶어서였다고나 할까. 그런데 사람들의 반응은 한결같았다.

"그건 그 사람 자유지."

"글쎄, 이유는 나도 잘 모르겠는걸."

"관심 없어."

우리는 정치인이나 연예인 등 사회적 공인의 사생활에 유난히 관심이 많다. 공인이므로 대중의 과도한 관심을 일정 부분 감수해야 하는 측면도 있다. 그러나 내 생각과 다르다고 다른 사람의 삶의 방식을 매도하는 것은 부끄러운 일이다. 함부로 가볍게 판단하고 비난하는 것은 매우 미성숙한 태도다. 종종 인터넷 댓글을 보면 자기와 다른 생각을 하고 다른 방식의 삶을 산다고 해서 무시무시한 인격 살인을 서슴지 않는경우가 있다.

나는 아이를 키우는 엄마들이라면 세상에서 가장 겸손해지는 모티브를 갖고 있다고 생각한다. 내 아이를 보면, 더구나 내 맘대로 성장하지 않는 내 아이를 보면 남의 인생에 왈가왈부할 처지가 못된다는 것을 잘 안다. 그런데 엄마들은 아이와 관련해 이런저런 일을 겪어보고 나서야 비로소 '다른 삶의 방식'을 인정하는 경우가 많다. 남에게 내 생각을 함부로 전달하지 않는 겸손함을 내 상황의 약함을 커버하기 위한 방어막으로 사용하기도 한다. 그러지 말고 우리 모두 그냥 순수하게 겸손해졌으면 좋겠다. 당해보고 깨닫는 게 아니라, 남의 삶을 내 잣대로 재단하는 것은 거만한 일이라고 아이들에게 먼저 가르쳤으면 좋겠다. 적어도 남의 삶을 평가하기에 앞서 자기 삶의 방식을 먼저 돌아봐야 한다고 가르쳤으면 좋겠다.

9-6
아이를 행복하게 만드는 네덜란드의 톨레랑스

유럽 사람들에게는 톨레랑스(tolerance)라는 것이 있다. 톨레랑스의 사전적 의미는 '나는 비록 동의하거나 승낙할 수 없을지라도 나와 다른 믿음과 행동을 받아들이는 것' 혹은 '내가 동의하거나 승낙하지는 않지만 다른 사람들이 자기 원하는 대로 말하고 행동하는 것을 용인하는 것'이다. 요컨대 다양성을 포용하는 것과 크게 다르지 않다.

구체적으로 톨레랑스는 다른 문화, 다른 종교, 다른 인종에 대해서도 적용되며 '다름'을 수용함으로써 보편적 인류애 또는 인간의 가치를 높여준다. 가령 톨레랑스가 없을 경우 내가 믿지 않는 종교를 이교도로 규정해 종교 분쟁이 일어난다. 피부색에 따른 편견과 차별이 가득한 세상이 된다. 문화적 우월감을 갖고 다른 나라를 식민 지배하기도 한다. 역사가 그러했다.

톨레랑스가 생겨난 것은 16세기 치열한 신·구교도 간 대립과 그로 인해 발생한 학살, 다툼, 반목을 경험하면서였다. 사회가 분열되어 내 편이 아니라고 판단하면 무자비하게 화형을 시키거나 추방하기도 했다.

그러나 18세기 후반 계몽주의 시기를 거치며 유럽인들은 반성과 성찰을 통해 일상에서조차 톨레랑스의 필요성을 인식하기 시작했다. 네덜란드의 철학자 스피노자 역시 톨레랑스의 가치를 높이 샀다. 톨레랑스는 궁극적으로 인간이 가져야 마땅한 자유, 그리고 권리를 정당화하는 기본적인 사상이었다.

이처럼 톨레랑스는 어느 날 갑자기 생겨난 개념이 아니다. 수백 년의 시간에 걸쳐 무수한 희생과 아픔과 갈등을 겪으면서 뿌리를 내렸다.

네덜란드 사회는 그야말로 톨레랑스의 정수라고 할 수 있다. 나는 네덜란드에 살면서 자신과 다른 문화, 자신이 믿지 않는 종교, 자신과 다른 피부색에 대해 편견을 갖고 있는 네덜란드 사람을 만나보지 못했다. 그동안 무수한 나라를 다녀봤지만 자그마한 체구의 동양인을 차별하지 않는 곳은 네덜란드뿐이었다. 지정학적으로 그들은 똘똘 뭉쳐서 국토를 일구지 않으면 살아남을 수 없었다. 유럽 대륙 북서쪽 끝에 위치한 작은 나라이기에 스스로 글로벌화를 표방하고 세계로 뻗어나가지 않으면 그나마 경제력도 가질 수 없었다. 이와 같은 현실을 직시한 네덜란드 사람들은 국내외적으로 다양성과 차이를 무한히 수용했다. 명분보다 실용을 중시하고 남의 시선보다는 나의 행복에 가치를 뒀다.

톨레랑스는 당연히 네덜란드 엄마들의 자녀 양육에도 적용된다. 학교나 어린이집에서 자녀가 누구와 어울려 놀더라도 그 친구의 집안 환경이나 부모의 배경에는 일체 관심이 없다. 그냥 친구 관계를 잘 유지하고 함께 즐겁게 노는지만 살핀다. 여러 문화를 체험하고 그 장점과 특징을 배우는 것이 아이에게 더 큰 교육이자 자산이 된다는 것을 네덜란드 엄마들은 잘 알고 있다.

심지어 네덜란드 학교에서는 누가 공부를 잘하는지 못하는지 모른 채 아이들은 서로 어울린다. 선생님들도 공부를 기준으로 학생을 구분하거나 달리 대하지 않는다. 공부를 잘하는 학생과 못하는 학생은 서로 '다른' 학생일 뿐이다. 톨레랑스 정신에 입각해서 보면 성적은 각자의 차이에 지나지 않으며, 그것으로 인해 누구라도 불이익을 받아서는 안 된다.

네덜란드는 전 세계에서 둘째가라면 서러워할 만큼 세계화를 지향하는 나라다. 부모들도 자녀가 가급적 다양한 문화를 접하고 거기에 익숙해지길 바란다. 비단 외국 문화뿐 아니라 국내에서도 나와 다른 가치관, 나와 다른 배경을 이해하는 게 바람직하다고 여긴다. 톨레랑스가 자리 잡은 사회에서는 약자도 없고 강자도 없다. 소수자라고 해서 서럽지도 않다. 누구나 다 평등하고 공평한 잣대 위에 있다.

유럽의 톨레랑스는 꽃을 피우기까지 수백 년이 걸렸는데, 냉정하게 보면 우리가 지금 그 시작점에 있는 것 아닌가 싶다. 우리는 다른 성향, 다른 사고, 다른 외양을 쿨하게 받아들이지 못한다. 말로는 그렇다고 하지만 전반적인 사회 현상은 다르다. 오히려 상대가 나와 다르다는 이유로 진영을 가르고 생채기를 내며 치열하게 다툰다.

유럽이 경험했던 처참한 역사적 과정을 타산지석 삼아 우리 사회에 톨레랑스를 꽃피우는 것에 엄마들이 기여할 수 있다. 아이에게 톨레랑스 정신을 가르치면 머지않은 미래에 우리나라도 그렇게 될 것이다. 내가 동의하지 않는 말과 행동도 일단은 편견 없이 듣고 보고 이해하려 노력하라고 가르치는 것이 궁극적으로 내 아이들을 위한 일이다. 톨레랑스 정신은 결국 내가 득을 볼 수 있는 사회적 자본이기 때문이다. 엄마들이 솔선해야 하는 것은 두말할 나위 없다.

9-7

마약과 섹스의 나라? 합법과 자유의 경계에서

내가 네덜란드는 정말 평화롭고 살기 좋은 나라라고 하면 의외로 많은 사람이 믿기지 않는다는 눈빛으로 물어본다.

"거기 좀 위험하고 지저분하지 않아요?"

그러면 나는 되묻는다.

"암스테르담 홍등가 말고 다른 곳도 가보셨어요?"

열에 아홉은 안 가봤다고 말한다. 네덜란드 자체를 잘 안 가본 데다 혹시 가봤더라도 홍등가가 있는 암스테르담 중앙역 앞 정도까지 가본 사람이 대부분이다. 주변에 프랑스, 독일, 이탈리아 등 더 유명한 관광지가 많은데 굳이 네덜란드에서 오랜 시간을 머물지 않기 때문이다. 나도 그랬다. 그곳에 산 덕분에 여기저기 다녀볼 수 있었지, 그렇지 않았으면 그냥 여행 책자에 나온 암스테르담 번화가나 풍차 마을 정도만 가보지 않았을까 싶다. 많은 사람이 '암스테르담' 하면 떠올리는 게 매춘의 거리 홍등가인 것은 어쩌면 당연하다. 그리고 그것이 네덜란드에 대한 인상으로 남는다.

암스테르담 중앙역 근처는 아마 네덜란드에서 가장 복잡하고 차량 운행이 많은 지역일 것이다. 서울 생활에 익숙한 나조차도 중앙역 부근에서는 운전하는 게 부담스럽고, 걷는 것도 정신이 없기는 마찬가지였다. 한국에서 지인들이 올 때면 헤이그는 물론 암스테르담 중앙역의 홍등가 근처는 꼭 다녔다. 한국에서 가장 잘 알려진 관광지이기 때문이다.

그런데 내 솔직한 느낌으로는 그곳이 오히려 안전하고 치안에 큰 걱정이 없었다. 9시쯤 되면 대부분의 거리가 한산한 다른 지역과 달리 그곳은 새벽 1시가 되어도 불이 환하고 사람들로 북적인다. 대부분의 사람은 관광객이다. 마리화나와 매춘이 합법이라는 사실이 너무도 신기해 그 광경을 보고자 세계에서 모여든 관광객들로 붐빈다.

우리나라에서는 점잖은 자리에서 입에 올리기 부담스러운 '마약'과 '섹스'가 네덜란드에서는 일정한 법적 조건만 충족하면 자유다. 홍등가의 매춘부는 세금을 내는 보통의 근로자다. 합법의 경계선 내에서라면 무엇을 하건 손가락질하지 않는다. 게다가 네덜란드는 마약 중독 부작용이 사회적으로 문제를 일으키는 경우가 오히려 다른 나라보다 덜하다.

아이를 키우면서 난감해지는 순간 중 하나는 이른바 '19금' 단어를 접할 때일 것이다. 엄마가 화들짝 놀라서 그건 나쁜 거라고, 아직 어린 너는 몰라도 된다고 한다면 손바닥으로 하늘을 가리는 것과 다르지 않다. 그런 말을 듣는 아이는 오히려 신비감만 더 키우게 된다.

대화를 회피한다고 해서 언제까지나 아이를 순수한 상태로 보호할 수만은 없다. 아이가 좀 더 커서 학교에 가고 친구들과 어울리다 자칫 왜곡된 이미지를 갖게 될 가능성이 크다. 따라서 아예 공개적으로 얘기하며 부작용은 무엇인지, 왜 조심해야 하는지 차분히 알아듣게 설명해주는 편이 훨씬 더 아이를 보호하는 길이다.

네덜란드는 사회적으로 금기시되는 것조차 아예 대놓고 공개한다. 그리고 적정선에서 불법과 합법을 규정해놓았다. 마약 불법 거래나 암시장을 방지하고 음성적인 매춘 산업의 폐해를 막기 위해서다. 그럼으로써 사실을 정확하게 인식하고 스스로 자유로운 선택을 하도록 유도하는 것이다. 적어도 통계상으로 볼 때는 개인의 자유 의지에 의존한 네덜란드의 정책이 다른 나라에 비해 잘못된 선택 같지는 않아 보인다.

그러나 이런 정책의 결과가 늘 긍정적인 것만은 아니다. 하루는 동네 어떤 집에 경찰이 방문해서 조사하는 광경을 목격했다. 그 집에서 마리화나를 키우는 것 같다는 신고가 들어왔다는 것이다. 허가를 받지 않으면 그건 불법이다. 또 노동허가증이나 비자 없이 성매매 산업에 종사하려고 입국하는 외국 여성들도 사회 문제로 떠오르기 시작했다.

불법과 합법의 경계에 있는 이슈는 무어라 말하기 참 조심스럽다. 하지만 적어도 내 아이의 양육을 위해서라면 그 경계를 명확히 알려줄 수 있는 공개적 토론이 실질적 도움이 될 것이다.

네덜란드식 TV 가이드

뉴스를 보며 세상을 배우는 아이들

언젠가부터 뉴스 보는 것이 겁나는 시절이다. 살인, 강도, 폭력 등 잔인하고 끔찍한 뉴스가 온통 도배되는 반면 우리를 미소 짓게 하는 미담이나 훈훈한 소식은 찾아보기 힘들다. 그러니 아이들과 함께 뉴스를 시청하는 게 부담스럽다. 신문을 읽는 게 아이들 교육에 큰 도움이 된다고는 하지만, 아이들에게 무작정 신문을 던져주며 사회를 공부하라고 할 수도 없다. 오히려 아이들이 뉴스를 통해 이 사회에 대한 부정적 인식을 갖게 되거나, 순수한 마음이 상처 입고 오염될까 걱정스럽다. 포털 사이트를 봐도 상황은 별반 다르지 않다. 19금 야시시한 광고며 정말 눈을 뜨고 봐줄 수 없을 정도다. 그렇다고 아예 세상 돌아가는 것과 담을 쌓은 채 입시 공부에만 매달리게 할 수도 없는 노릇이다.

네덜란드의 어린이 뉴스인 예흐트야우르날(Jeugdjournaal, 영어로 해석하면 youth journal)은 가히 이에 대한 명쾌한 해법이라고 할 만하다. 네덜란드 공영 방송 NOS에서는 아이들을 위한 뉴스를 제작해 방송하고 있다. 아이들 눈높이에 맞는 아이들 뉴스다. 예흐트야우르날의 방송 시간은 저녁 6시 45분부터 15분 동안이다. 그날그날 다른 앵커가 등장해 일반 뉴스처럼 진행하는데, 다정한 누나와 형 같은 분위기를 연출한다. 그렇다고 해서 뉴스가 유

출처: NOS Jeugdjournaal 자료

치하거나 어린 아이들 프로그램 같지는 않다. 예흐트야우르날을 보는 성인들의 수 역시 적지 않을 정도로 전문성을 띈다. 예흐트야우르날은 1981년 이후 지금까지 계속되고 있다. 현재 네덜란드의 성인들은 모두 어릴 적 NOS에서 방송하는 예흐트야우르날을 보고 자란 셈이다. 예흐트야우르날의 목표는 어린이들이 뉴스에 대한 흥미를 잃지 않고 사회에 대한 바른 식견을 가질 수 있도록 하는 것이다.

우리가 여기서 주목할 점은 아이들에겐 또래의 사회가 있고 그들만의 관심사가 있다는 것이다. 아이들의 시선은 성인들의 그것과 분명히 다르다. 예흐트야우르날은 이 점을 충분히 반영하고 있다. 온전히 아이들의 시선에서 볼 수 있도록 제작한 뉴스다. 예흐트야우르날에서는 아이들이 주인공으로 등장한다. 어른들이 보는 뉴스에서처럼 아이들을 인터뷰한다. 그리고 현재 사회적으로 이슈가 되고 있는 문제에 대해 아이들 관점에서 새로 작성한 설문 조사를 예흐트야우르날 웹사이트에서 진행하기도 한다.

아이들이 뉴스에 관심 있는 성인으로 자라날 수 있다면 그 나라는 분명히 건강한 사회다. 언론의 참된 기능과 역할을 전 국민이 알고 지켜본다면 언론은 자신의 생존을 위해서라도 바로 설 수밖에 없기 때문이다. 또 어린이를 포함해 국민 한 사람 한 사람이 사회에 관심을 기울인다면 부패나 부조리가 자리 잡을 여지 또한 훨씬 줄어들 게 분명하다.

문득 우리나라 어린이 방송을 돌아보게 된다. 시청률에 큰 도움이 되지 않는 어린이 프로그램은 이미 각 방송사의 프라임 시간대에서 멀어진 지 오래다. 더군다나 아이들 수준에 맞게 시사 현안을 전달하는 프로그램은 찾아보기 힘들다. 어린이 프로그램은 어린이다운 소재로만 제작하는 경향이 있다. 그 아이들이 커서 현실을 마주할 때, 언론에 대해 어떤 생각을 하고 이 사회를 어떻게 받아들일까. 그 현실이 무엇이든, 깨달음이 무엇이든 아이들은 충격을 받을 게 뻔하다.

학교에서 배운 피상적 이론만으로는 언론과 사회를 전혀 이해할 수 없다. 어려서부터 올바른 뉴스 소비 방식을 체득하지 못하면 자기도 모르는 사이 편향된 뉴스 소비를 하고 비뚤어진 사회정치적 관점을 습득함으로써 균형 감각을 잃은 어른이 되어버리는 결과에 이른다.

네덜란드처럼 우리도 공영 방송에서 이런 시도를 해야 할 것이다. 그러나 우리의 공영 방송은 여기까지 신경을 쓰기에는 다른 일에 너무 바빠 보인다. 상업 방송과 시청률 경쟁을 하고 있을 뿐만 아니라 정치적 바람에서도 자유롭다고 할 수 없으니 말이다.

달라도 너무 다른 네덜란드 언론의 품격

네덜란드의 뉴스는 별로 재미가 없다. 방송사별 메인 뉴스 시간도 30분 이내로 짧을 뿐 아니라 하루에 방송하는 횟수도 그리 많지 않다. 뉴스 스튜디오도 화려하지 않고, 앵커들 역시 상당히 수수한 복장과 분위기로 등장한다. 게다가 세상을 떠들썩하게 하는 뉴스가 늘 있는 것도 아니라 대개는 차분하게 진행된다. 사실상 뉴스가 재미있는 나라보다 재미없는 나라야말로 평화롭고 살기 좋은 나라 아닐까.

한 번은 네덜란드 뉴스가 재미없지 않느냐고 현지인에게 물으니 그가 이런 얘기를 전해줬다. 네덜란드에서 얼마 전 잔인한 살인 사건이 발생했는데, 언론에서 그 보도를 애써 자제하려는 분위기가 있었다는 것이다. 이유인즉슨 잔혹한 살인 사건을 대대적으로 보도해봐야 득 될 게 없다는 결정이었다. 오히려 국민들의 두려움만 커지고 자칫 모방 범죄가 생길 우려도 있으며 피해자 가족한테 더 큰 상처가 될 수 있기 때문에 조용히 보도하고 넘어간다는 얘기였다.

우리 같으면 신문, 방송, 포털에서 검색어 1위를 차지하며 한동안 시끄러웠을 것이다. 그러나 정작 그런 끔찍하고 무서운 살인 사건을 대대적으로 보도해 온 사회가 들썩이는 게 과연 무슨 이익이 있을지 한 번쯤 진지하게

출처: AP 통신

출처: 로이터 통신

생각해볼 필요는 있다. 언론 입장에서야 사건 사고가 많을수록 좋을 것이다. 하지만 무조건 크게만 보도하는 게 과연 능사인지는 되돌아봐야 한다.

또 다른 사례가 있다. 지난 2014년 암스테르담을 출발해 말레이시아 쿠알라룸푸르로 향하던 말레이시아 항공이 우크라이나 상공에서 친러시아 분리주의 반군이 쏜 미사일에 맞아 승객과 승무원 289명 전원이 사망한 사고가 있었다. 이 비행기는 네덜란드 국적기 KLM과 코드셰어를 해 승객 중 193명이 네덜란드 사람이었다. 사고 직후 네덜란드에서는 전 국민이 애도하는 분위기에 들어갔고, 마르크 뤼터 총리는 모든 정부 기관에 조기를 게양하도록 했다. 이는 네덜란드 사람들에게 큰 아픔을 안겨준 비극이었다. 하지만 그들은 슬픔을 안으로 삭이며 잔잔하고 깊은 애도의 시간을 보냈다.

비행기가 추락하고 일주일 뒤 수습된 시신이 네덜란드로 돌아온 날, 영국 언론 〈더 텔레그래프(The Telegraph)〉는 이렇게 보도했다.

"암스테르담에서 마스트리흐트까지 온 국토가 고요함에 빠졌다. 기차와 도로 운송 수단도 정지했으며 비행기 이착륙 전체가 멈춰 섰다. 유럽 최대 항구 로테르담의 크레인들도 일체의 움직임을 중지했다. 네덜란드 전역에 있는 슈퍼마켓에서 쇼핑하는 사람들도 멈춰 선 채 희생자들을 기렸다. 수영장에 있던 사람들도 풀 밖으로 나와 묵념했다."

네덜란드 사람들은 비통한 침묵 속에서 고개를 숙이고 그 누구보다도 처연한 눈물을 흘렸다. 극한의 슬픔을 이겨내면서 최대한 절제된 반응을 보였던 것이다.

시신을 태운 차들은 공항을 벗어나 희생자들의 집으로 향했다. 일반 차량은 영구차를 위해 비켜섰고 도로 위의 육교마다 조의를 표하는 시민들로 가득했다. 시민들은 달리는 차를 향해 꽃 한 송이를 던지며 애도의 마음을 표하기도 했다. 각국 언론은 이런 네덜란드 국민의 모습을 보고 "네덜란드 국민은 희생자들에게 최고의 경의를 표했다"고 평했다.

비록 가족을 잃은 슬픔, 국민을 잃은 슬픔이 컸어도 그들은 소리 내지 않았다. 고요한 슬픔과 애도가 훨씬 더 무게감 있게 다가왔다. 언론도 같았다. 슬픔의 무게만큼 엄중함과 예의를 잃지 않았다. 울며불며 애통해하는 유족을 찾아 애써 감동 스토리를 찾아내려 하지도 않았다. 이것이 슬픔에 대처하는 네덜란드 국민과 언론의 방식이었다.

자그마한 사실도 요란하게 보도하며 일을 크게 만드는 우리와는 많이 다르다. 대형 참사가 벌어지면 사생활 보호보다는 특종과 대중의 시선을 끌 만한 소재를 찾는 데 신경을 쓴다. 때로는 보도하지 않는 것이 희생자와 피해자에 대한 예우이건만, '언론의 자유', '국민의 알 권리'라는 미명 아래 상처를 마구 쑤셔댄다.

조용하고 엄숙한 언론과 시끄럽고 과대 포장하는 언론, 과연 어떤 것이 더 우리 사회를 더 편안하게 할지 생각해볼 시점이다.

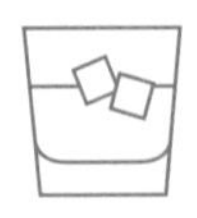

위스키 마시며 진행하는 음주 방송의 묘미

네덜란드의 '예능' 토크 프로그램을 보면 눈을 의심하게 하는 소품들이 있다. 가벼운 토크쇼이건 시사 토크쇼이건 할 것 없이 출연자가 둘러앉은 테이블 위에 위스키와 안주가 떡하니 놓여 있는 모습을 심심찮게 본다. 출연진도 자연스럽게 술과 안주를 먹으며 방송에 임한다. 심지어는 각종 술을 쫙 진열한 바를 스튜디오 한쪽에 마련해놓고 출연자가 그 앞에서 마치 바텐더같이 서서 대화를 나누기도 한다. 게임의 벌칙으로 위스키를 마시는 상황도 있다. 그런데 출연자도, 방청객도, 시청자도 그렇게 술과 함께하는 방송에 전혀 거부감을 보이지 않는다. 굉장히 자연스럽다.

최근 우리나라 방송에도 음식을 소재로 한 프로그램이 많이 생겨났다. 하지만 주로 음식을 만들거나 경연 대회를 하거나 이른바 '먹방' 프로그램이 대부분이다. 음식을 소품으로 쓸지라도 물 한 잔이나 가벼운 스낵 정도가 전부다. 실제로 그 스낵을 열심히 먹는 출연자도 많지 않다. 그야말로 허전한 테이블을 채우는 소품 정도라고 할 수 있다.

드라마의 음주 장면이라면 맥락에 따라 진행되는 일이므로 충분히 이해할 수 있지만, 굳이 토크쇼 프로그램에서 술을 마시는 건 우리로서 적지 않은 문화적 쇼크다.

출처: NOS 방송화면 캡처

그렇다면 두 나라의 음주 문화는 어떠할까. 한국은 그 어느 나라보다도 음주 문화, 밤 문화가 발달했다. 반면 네덜란드는 그렇지 않다. 보통은 그냥 맥주 한두 잔 정도 마시고 저녁 일찍 귀가한다. 심지어 동네 바에 가보면 아이는 주스를 마시고 아빠는 맥주를 마시며 축구 중계를 보는 광경도 매우 흔하다. 네덜란드 사람들에게 맥줏집은 아이와도 함께 시간을 즐기다 갈 수 있는 건전한 장소다. 시내 번화가에서도 술에 취해 주사를 부리거나 휘청거리며 걸어 다니는 사람을 한 번도 보지 못했다. 휘황찬란한 네온사인으로 덮인 음주가무를 위한 거리는 존재하지 않는다. 음주 운전 단속이라는 것도 구경하기 힘들다. 음주 운전을 하는 사람이 거의 없기 때문이다. 자동차는커녕 자전거를 모는 사람도 없다. 술과 관련해 강력한 규제 시스템을 발동하지 않아도 이 모든 일이 자율적으로 이루어진다.

네덜란드 부모는 만 16세부터 음주를 허가하는 것을 괜찮다고 생각한다. 2014년 음주 가능 연령을 만 16세에서 만 18세로 올리자 의외로 반대하는 부모가 많았다. 자녀들이 자연스럽게 음주의 장단점을 터득할 수 있는 기회를 더 일찍 갖지 못하는 게 아쉽다는 이유였다. 상황이 이러니 방송에서 출연자들이 술을 마셔도 사회적으로 우려할 만한 부작용은 딱히 발생하지 않는다. 하물며 출연자들이 술을 마신다고 큰일이라도 난 듯 이의를 제기하는 사람도 없다.

이처럼 네덜란드는 방송을 통해 비치는 여러 가지 선정적인 아이템이나 분위기를 각종 규제를 통해 애써 제한하려 하지 않는다. 숨긴다고, 가린다고, 막는다고 능사가 아님을 네덜란드 부모들은 안다. 신비감이 없으면 매력도 떨어지는 법이다. 어쩌면 그렇게 드러내고 보여주는 것이 일탈 행동을 막는 하나의 방법일 수도 있지 않을까 생각해본다.

자칫 일탈로 이어질 수 있는 문화는 오히려 조심스럽지만 자연스럽게 접근할 때 그것을 통제할 힘이 생긴다. 언론의 선정성을 막는 데에만 급급할 게 아니라 언론을 통해 건전한 문화로 승화될 수 있도록 하는 데 더 주력하는 게 좋지 않을까. 물론 부모가 아이들 앞에서 음주 문화의 모범을 보여야 함은 말할 것도 없다.

세계에서 가장 야한 네덜란드 방송

네덜란드어를 잘 몰라서이기도 했고, 한국 방송에 비하면 무미건조하기까지 해서 네덜란드에 사는 동안 그다지 TV를 많이 보며 지내지는 않았다. 그런데 어느 날 밤, 우연히 TV를 켰을 때 내 눈을 의심케 하는 장면을 봤다. 거의 벌거벗다시피 한 남녀 출연자들이 재미있게 웃고 떠들며 때로는 진지하게 성생활에 관해 얘기하는 모습이었다. 네덜란드어를 이해는 못해도 성인들의 관심과 흥미에 초점을 맞춘 방송이라는 것을 쉽게 짐작할 수 있었다. 어쨌거나 아이들도 접근할 수 있는 TV에서 이런 방송을 하는 것은 적지 않은 충격이었다.

그때 처음 들었던 생각은 내 아이들이 이런 방송을 볼까 하는 것이었다. 다행이라면 아이들은 그 늦은 시간에 주로 잠을 잤고 기본적으로 TV를 잘 보지 않는 편이었다. 따라서 그런 프로그램에 노출될 일은 거의 없을 터였다.

그렇게 안도했음에도 한동안 성인용 방송에 대한 생각이 머릿속을 떠나지 않았다. 천진난만하고 순진하기만 한 네덜란드의 아이들과 청소년이 이렇게 낯 뜨거운 방송을 본다고? 네덜란드 정부는 대체 왜 남녀노소 그런 방송을 버젓이 볼 수 있도록 허용하는 것일까. 방송 심의 기구는 어느 정도의

출처: NOS 방송화면 캡처

기준을 세워놓고 있는 것일까.

네덜란드 방송 심의 기구의 기준에 의하면 방송은 그 어떤 것으로부터도 간섭을 받지 않는다. 요컨대 완벽히 자유롭게 운영된다. 그것이 방송이 당연히 누려야 할 기본 중의 기본 권리라고 규정한다. 우리 관점에서 '방송의 자유'라고 하면 주로 정치적 간섭이나 외압으로부터의 자유를 떠올린다. 네덜란드에서는 정치적 간섭은 두말할 필요도 없고, 콘텐츠의 소재나 수위에 대해서도 간섭이나 제약을 일체 받지 않는다. 오히려 방송 수위에 아무런 제한이 없는 것이야말로 각종 금기 요소로부터 발생할 수 있는 문제를 미연에 방지하는 예방책이라는 신념이 강하다. 모든 것은 자유로움 속에 놓여야 하고 그런 가운데 스스로 통제하고 자정할 수 있어야 한다고 믿는 국민적 합의가 방송에도 예외 없이 반영된 결과다.

네덜란드 방송 산업의 이와 같은 분위기는 우리에게 중요한 함의를 던져준다. 막는다고 능사는 아니며 그래봐야 완벽히 막을 수도 없다는 사실을 직시하라는 것이다. 냉정하게 생각해보자. 비록 방송에서는 보여주지 않지만 누구라도 마음만 먹으면 온갖 지저분한 인터넷 성인 사이트에 접속할 수 있다. 선정적인 장면이 버젓이 영화에 등장한다. 성인 전용 웹툰이나 희한하고 요상한 광고가 인터넷 웹사이트에 범람한다. 컴퓨터만 열면 얼마든지 볼 수 있는 환경이다.

상황이 이럴진대 우리 아이들이 성인물로부터 완벽하게 보호받는다고 단언할 수 없다. 어떻게든 막아보려 했지만 지금까지 제대로 막지 못하고 있다는 것은 어쩌면 완벽한 제재가 불가능하다는 걸 의미한다. 철저한 독재 국가가 되어 국민의 사생활과 미디어 이용을 100퍼센트 관리하지 않는 이상 여러 가지 소스를 통해 아이들이 성인물을 접하는 걸 국가나 부모가 막을 재간은 없다.

결국 다양한 소스 가운데 제재하기 수월한 방송만 심의를 엄격하게 하는 것은 손바닥으로 하늘을 가리는 것과 다르지 않다. 위선적이다. 물론 방송이라도 막아야 한다고 주장할지 모르지만, 그것이 여타 미디어와 일관된 수준으로 이뤄지지 않는다면 오히려 신비감만 더 조장할 뿐이다.

네덜란드 부모들은 이러한 생각에 동의한다. 아이가 열두 살이 되면 적나라한 성교육을 실시하는 나라답게 각종 성인물에 대해서도 실용적인 태도를 취한다. 성, 마약, 음주 등 사회적으로 불편한 소재를 무작정 피하고 막는 것은 불가능하다는 걸 네덜란드 부모들은 잘 알고 실질적으로 대처한다. 어차피 알게 될 테니 아예 무엇이 옳고 그른지 혹은 무엇이 잘못된 허상인지 깨우치는 게 더 현실적인 대책이라고 여긴다. 그래서 낯 뜨거운 방송에 대해 불만을 표출하기보다 자녀에게 올바른 가치관을 심어주는 게 더 중요한 부모의 역할이라고 생각한다. 살면서 언제든지 맞닥뜨릴 수 있는 이슈를 의연하고 건강하게 대처할 수 있는 의식을 아이들에게 심어준다. 실제로 네덜란드는 마약이나 음주로 인한 폐해가 가장 적은 나라에 속한다. 이런 사실만 보더라도 그들의 방식이 현명하다는 걸 인정하지 않을 수 없다.

우리나라 방송에는 시청 연령 제한이라는 게 있다. 다소 선정적이고 부적절한 내용이 나온다고 해서 19세 이하 시청 금지라고 아무리 써 붙여놔도 볼 사람은 다 본다. 오히려 아이들은 자신이 보기에 적합하지 않다고 판단되는 것을 내심 기대하면서 호기심만 키울 뿐이다. 또 부모들은 아이와 TV를 보다가 키스하는 장면이 나오면 무안해하기나, 흠칫 놀라 채널을 얼른 돌리거나, 아니면 대놓고 모른 척한다. 그런데 그게 더 이상하다. 키스는 자연스러운 것이니 누구라도 할 수 있다고 말해주는 것이 훨씬 더 바람직한 양육태도다. 신비감을 줄여주는 것이다.

한마디 덧붙이자면, 만화 영화라고 해서 아이들에게 무해하지만은 않다는 사실 역시 우리 부모들이 알았으면 좋겠다. 아무런 판단력이 없는 어린 아이들은 만화 영화에 나오는 말과 행동을 있는 그대로 받아들이고 내재화한다. 그러나 만화에도 언어적 폭력이 담겨 있을 수 있고, 선정적인 표현이나 행동이 전혀 없다고 안심할 수 없다. 부모가 만화 영화의 내용을 먼저 꿰뚫고 아이들에게 어떻게 시청 지도를 해야 할지 고민해야 한다. 아이들의 TV 시청에는 부모의 관심과 적극적 개입이 정말 많이 필요하다.

지역 뉴스가 실천한 수신제가치국평천하

네덜란드에 사는 동안 나는 무려 두 번이나 지역 신문에 나왔다. 처음 신문에 나온 것은 봄을 맞이하는 지역민들의 각양각색 길거리 패션을 담은 세션이었다. 커피 컵을 한 손에 들고, 검정 가죽 재킷에 보라색 머플러를 두르고, 흰 가방을 어깨에 멘 채 걸어가는 모습이 찍혔던 것이다. 그게 다른 네덜란드 주민들의 사진과 나란히 실렸다. 한국에서도 생전 그런 일이 없었는데, 먼 타지에서 신문 지면을 장식하다니 웃기기도 하고 신기하기도 했다.

그렇게 신문에 나고 며칠 뒤 동네 레스토랑에 갔더니 주인아저씨가 대뜸 얼마 전 신문에서 봤다며 반갑게 인사를 하는 것 아닌가. 그 순간 내가 강하게 느꼈던 것은 다름 아닌 지역 소속감이었다. 네덜란드가 나에게 더 가깝게 다가왔고, 내가 살고 있는 동네에 대한 애착이 수직 상승했다.

두 번째로 신문에 난 계기는 네덜란드 교육과 학교 시스템을 직접 경험해보기 위해 중등학교를 방문했을 때였다. 교장 선생님과 면담을 한 뒤, 학교의 다양한 수업을 참관하고 학생들과 만나 인터뷰도 하는 모습이 기사화되어 사진과 함께 신문에 실렸다. 아마도 학교 측에서 나의 방문 소식을 신문사에 미리 알렸던 모양이다. 사진 캡션에는 이렇게 쓰여 있었다. "네덜란드 학생들이 가장 행복한 이유를 알기 위해 학교를 찾은 한국의 교수

Yoosun Hwang." 이 기사 역시 동네에서 꽤 많이 알려졌다.

이렇게 두 번에 걸친 신문 보도 이후, 뭔지 모르게 책임감이 더 강해지는 듯했고 내가 살고 있는 지역에 대해 더 진지한 관심을 갖게 됐다. 난 비록 몇 년 있다가 한국으로 돌아갈 이방인이었지만, 내가 살고 있는 동네에 정이 담뿍 갔다. 지역 신문의 마법 같은 축복이었다.

네덜란드에도 물론 전국 단위의 종합 일간지가 있다. 하지만 그들은 지역 신문을 통해 상당히 많은 정보를 접한다. 지역 신문에는 지역에서 이루어지는 크고 작은 축제, 음악회나 공연 같은 다양한 행사, 세일 정보, 알고 있으면 요긴한 각종 행정 정보, 그리고 빼놓을 수 없는 지역 내 업체들의 광고가 실린다. 내용이 어찌나 알찬지 하나라도 무심히 흘려보내면 나만 손해라는 느낌이 들 정도다.

자신의 행복과 자신의 삶에 온통 관심을 집중하는 국민성을 대변이라도 하듯 네덜란드 지역 신문은 지역에서 일어나는 사소한 일을 하나도 놓치지 않고 전달한다. 물론 네덜란드 국민들도 국가적 차원에서 일어나는 일에 관심을 갖는다. 하지만 그보다는 자신이 살고 있는 동네, 자신과 연관된 일에 더 관심이 많아 보인다. 뉴스의 정의가 그렇다. 이 세상에서 벌어지는 모든 일을 뉴스화하는 것은 불가능하기 때문에 나와 관련 있는 사안을 중심으로 뉴스의 가치를 매긴다. 나와 근접한 곳에서 발생해 나에게 영향을 미칠 수 있는 관심 이슈일수록 뉴스로서 큰 가치가 있다.

우리나라처럼 정치 혹은 나와 아무 상관없는 남의 일에 관심 많은 국민도 드물다. 거시적 관점에서는 정치 · 경제 · 사회 문제가 나와 전혀 관련이 없다고 할 수는 없지만 그게 조금은 과한 느낌이 없지 않다. 뉴스 기사마다 어마어마하게 댓글이 달린다.

어린 자녀들에게 나라의 정치·경제·사회 문제를 교육하는 것은 반드시 필요하다. 하지만 너무 거시적인 것만 바라보다 자칫 내가 살고 있는 고장과 주변에 대한 관심을 망각해서는 안 된다. 미디어를 처음 접하는 아이들에게는 미디어의 올바른 역할과 미디어를 해석할 수 있는 능력을 키워줘야 하는데, 이는 경험에 근거할수록 훨씬 실효성이 높다. 특히 지역 신문에서 제기한 문제에 한 발짝 더 다가가 사실 관계를 살필 수 있는 경험을 선사하는 것은 부모의 몫이다. 이런 과정을 통해 아이는 책임감을 깨우치고 소속감과 주인 의식도 키울 수 있다.

지금까지 우리는 자녀 앞에서 뉴스를 들먹이며 국내의 정치·사회·경제에 대한 토론에만 집중하지는 않았나 돌아보자. 아이들에게 자칫 미디어와 세상에 대한 불신만을 심어줄 위험이 있음에도 이를 간과한 것은 아닌지 냉정하게 생각해보자. 동시에 자녀와 지역 뉴스를 보면서 직간접적으로 미디어를 체험하게끔 한 적은 과연 있는지 돌이켜보자. '수신제가치국평천하'의 지혜는 미디어를 통해서도 실천해야 한다.

소신을 지키고 실용을 중시하는

네덜란드 엄마의 힘

1판 1쇄 인쇄 2019년 4월 15일
1판 1쇄 발행 2019년 4월 22일

지은이 황유선
발행인 허윤형
펴낸곳 (주)황소미디어그룹
주소 서울시 마포구 양화로26, 704호(합정동, KCC엠파이어리버)
전화 02 334 0173 **팩스** 02 334 0174
홈페이지 www.hwangsobooks.co.kr
인스타그램 @hwangsobooks
출판등록 2009년 3월 20일 (신고번호 제 313-2009-54호)

ISBN 979-11-963699-7-2 (13590)

※황소북스는 (주)황소미디어그룹의 출판 브랜드입니다.